FORSCHUNGSBERICHTE
DES LANDES NORDRHEIN-WESTFALEN

Herausgegeben durch das Kultusministerium

Nr. 806

Prof. Dr.-Ing. Herwart Opitz
Dr.-Ing. Rolf Piekenbrink

Laboratorium für Werkzeugmaschinen, Technische Hochschule Aachen

Untersuchungen an Zahnradbearbeitungsmaschinen

Als Manuskript gedruckt

SPRINGER FACHMEDIEN WIESBADEN GMBH

ISBN 978-3-663-03812-2   ISBN 978-3-663-05001-8 (eBook)
DOI 10.1007/978-3-663-05001-8

Gliederung

Einleitung . . . . S. 5

I. Entwicklung des seismischen Ungleichförmigkeitsmessers . . S. 8

   1. Das Meßprinzip . . . . S. 8

   2. Bewegungsverhältnisse des Einmassensystems mit oszillierendem Aufhängepunkt . . . . S. 10

      a) Seismisches System, ungedämpft . . . . S. 10

      b) Seismisches System mit geschwindigkeitsproportionaler Dämpfung . . . . S. 13

      c) Die Meßwertanzeige . . . . S. 16

      d) Graphische Darstellung der Ergebnisse . . . . S. 17

   3. Möglichkeit der Relativmessung . . . . S. 21

   4. Konstruktive Ausführung der Geräte . . . . S. 29

      a) Die Ausbildung der Schwungmasse . . . . S. 29

      b) Drehachse und Drehfeder . . . . S. 31

      c) Die Dämpfung . . . . S. 32

   5. Das elektrische Wandlersystem und die elektronische Einrichtung . . . . S. 35

   6. Eichmöglichkeiten und Eicheinrichtungen . . . . S. 44

   7. Eigenfehler und Empfindlichkeit . . . . S. 50

   8. Anbringung der Meßgeräte . . . . S. 56

II. Untersuchungen an Abwälzfräsmaschinen . . . . S. 59

   1. Wälzbewegung und Ungleichförmigkeit im Tischantrieb . . S. 59

   2. Ungleichförmigkeiten durch Teilrad- und Teilschneckenfehler . . . . S. 61

   3. Ungleichförmigkeiten durch Getriebeelemente im Tischantrieb . . . . S. 64

   4. Antrieb über zwei Schnecken . . . . S. 70

   5. Ungleichförmigkeiten im Antrieb der Maschine . . . . . . S. 77

6. Korrektureinrichtungen . . . . S. 83

7. Ungleichförmigkeit und Geräuschentstehung . . . . S. 89

Zusammenfassung und Ausblick . . . . S. 92

Literaturverzeichnis . . . . S. 94

Einleitung

Die Genauigkeit eines spanabhebend bearbeiteten Werkstückes ist stets von der Genauigkeit abhängig, mit der die vorgeschriebene Relativbewegung zwischen Werkstück und Werkzeug eingehalten wird. Für Werkzeugmaschinen zum Herstellen von Zahnrädern im Abwälzfräsverfahren gilt diese Forderung im besonderen Maße bezüglich der Wälzbewegung zwischen erzeugender Zahnstange und herzustellendem Zahnrad.

Jedes Vor- oder Nacheilen vom Werkzeug gegenüber dem Zahnrad - also jede Ungleichförmigkeit in der Wälzbewegung - beeinflußt das Arbeitsergebnis. Beim Abwälzfräsen wird sich daher jede Ungleichförmigkeit in der Drehbewegung von Frässpindel und Tisch nachteilig auf das herzustellende Zahnprofil auswirken. Dabei werden die Gleichlaufschwankungen der Frässpindel durch die Fräsersteigung jedoch erheblich untersetzt, so daß die Ungleichförmigkeiten in der Tischbewegung von primärer Bedeutung werden.

In welcher Weise sich die Relativbewegung zwischen erzeugender Zahnstange und zu erzeugendem Zahnprofil auswirkt, läßt sich durch Fräsversuche und Ausmessen der Räder nur mit Aufwand bestimmen, da hierbei stets eine größere Zahl von Fehlermöglichkeiten gemeinsam einwirkt. Es wurde daher versucht, diesen Einfluß graphisch zu ermitteln. Ein Zahnrad mit Modul 3 wurde durch Hüllschnitte erzeugt, und zwar in etwa 250facher Vergrößerung. Dabei wurde der Zahnstangenbewegung eine Ungleichförmigkeit überlagert (Abb. 1). Diese Ungleichförmigkeit hat sinusförmigen Verlauf bei einer Amplitude von $\pm 25\,\mu$ und die Periodenlänge der Ungleichförmigkeit soll gleich sein der Teilung des Zahnrades, ein Fall, der also dann entsteht, wenn das zu erzeugende Zahnrad die gleiche Zähnezahl hat wie das Teilschneckenrad im Tischantrieb der Abwälzfräsmaschine. Die auf diese Weise ermittelte Flankenform ist im Bild 200fach überhöht dargestellt. Durch die Ungleichförmigkeit in der Wälzbewegung entsteht also ein Evolventenfehler. Daß solche Evolventenfehler auftreten, ist dem Evolventendiagramm im Bild zu entnehmen, das von einer gefrästen Zahnflanke aufgenommen wurde.

Daß sich solche Ungleichförmigkeiten in der Drehbewegung der Verzahnmaschine auf das erzeugte Zahnrad und auch auf das Geräuschverhalten des Getriebes auswirken, ist seit längerer Zeit bekannt. Will man die Verzahnungsfehler beeinflussen und die Geräuschbildung bei Zahnradgetrieben vermindern, so muß eine Möglichkeit geschaffen werden, die

Abwälzfräsmaschine in ihrer Wälzbewegung zu kontrollieren und auftretende Ungleichförmigkeiten zu messen.

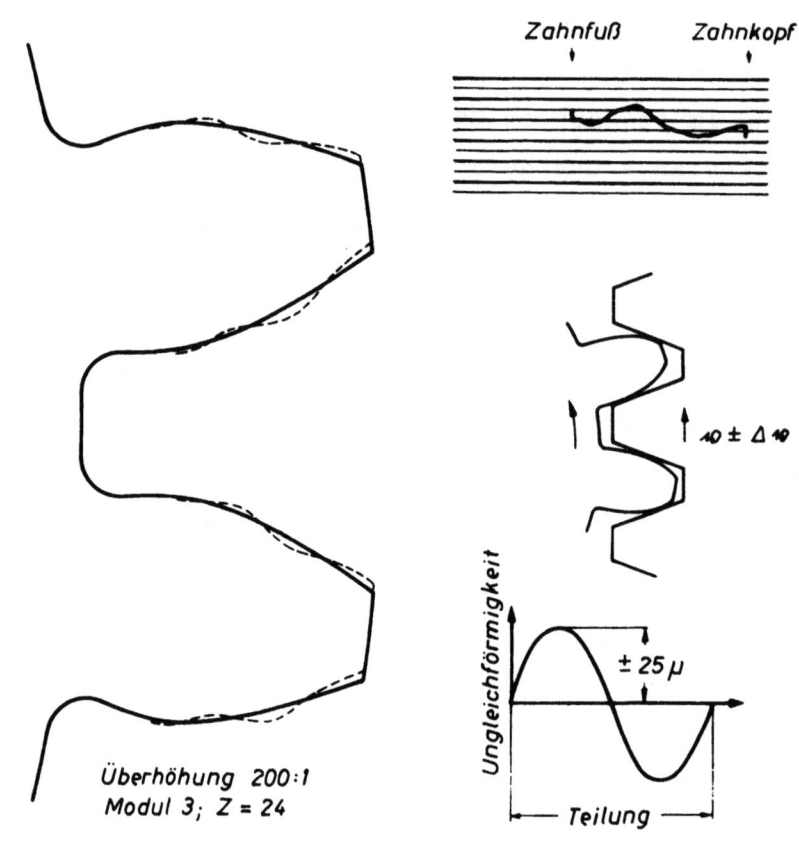

Abbildung 1

Flankenformfehler durch Ungleichförmigkeit der Wälzbewegung

Um das Meßverfahren für diese Aufgabe auszuwählen, muß man sich eine Vorstellung von der Größe und der Frequenz der zu messenden Ungleichförmigkeit verschaffen. Der Summenfehler des Teilschneckenrades ergibt zweifellos eine ungleichförmige Bewegung, die sich auf die Verzahnungsgenauigkeit des erzeugenden Zahnrades auswirkt. Diese Ungleichförmigkeit, hervorgerufen durch den Summenfehler des Teilschneckenrades, ist von sehr niedriger Frequenz, da bei großen Verzahnungsmaschinen eine Umdrehung der Planscheibe ungefähr 15 bis 20 Minuten beansprucht. Weitere Ungleichförmigkeiten werden durch die Schneckenumdrehung und die hinter der Schnecke liegenden Getriebeelemente verursacht. Ungleichförmigkeiten, die hierdurch entstehen, liegen in ihrer Frequenz etwa um zwei Größenordnungen höher. Bezüglich der Amplitudengröße der Ungleichförmigkeit kann man erwarten, daß diese - gemessen am Umfang des Frästisches - etwa in der Größenordnung von 10 μ liegt. Bei Großverzahnmaschinen mit erhöhter Genauigkeit für die Herstellung von Schiffs-Reduktionsgetrieben werden diese Werte noch weit unterschritten.

Zur Lösung dieser Meßaufgaben sind bereits verschiedene Meßverfahren entwickelt worden. Besonders in England hat man sich mit diesem Meßproblem intensiv beschäftigt. Dort ist das sogenannte Sigma-Gerät entstanden, und auch das Messen mittels zweier Reibscheiben wird dort praktiziert, das in Deutschland von HÖFLER in dem sogenannten Wälzschlupfmeßgerät verwirklicht ist. Bekannt ist auch weiterhin ein Verfahren, das mit magnetischen Teilscheiben arbeitet und in der Tschechoslowakei von STEPANEC entwickelt wurde. Alle diese Verfahren erfordern für den Meßaufbau sehr viel Zeit, und die Messung von großen Maschinen - etwa 4 m Tischdurchmesser - bereitet beim Messen mit Reibscheiben oder Teilscheiben große Schwierigkeiten.

Will man die bereits vorhandenen Verfahren durch ein neues Meßsystem ergänzen, so muß man für dieses Meßsystem folgende Forderungen stellen:

1. Möglichkeit während der Bearbeitung zu messen,

2. Messen an Großverzahnmaschinen von etwa 4 m Tischdurchmesser und auch darüber,

3. die Messung muß unabhängig vom Drehzahlverhältnis Frästisch - Frässpindel - also unabhängig von der Anordnung der Teilwechselräder erfolgen.
   Beim Reibscheibenverfahren oder auch bei Verwendung magnetischer Teilscheiben muß bei jedem Wechsel der Teilräder auch eine der Scheiben gewechselt werden,

4. müheloses Anbringen der Apparatur ohne genaues Ausrichten von Teilscheiben oder ähnlichen Einrichtungen.

Diese Forderungen lassen sich durch ein Meßverfahren verwirklichen, dessen Entwicklung in dem nachfolgenden Bericht beschrieben wird. Dabei wird lediglich darauf verzichtet, den Summenteilfehler des Teilschneckenrades zu ermitteln. Da man jedoch die Möglichkeit hat, den Summenteilfehler des Teilschneckenrades bereits vor dem Einbau in die Maschine durch Messung der Einzelteilfehler zu bestimmen, sowie auch später nach dem Einbau in die Maschine durch Ausmessen eines gefrästen Proberades, kann man ohne große Nachteile bei der Ungleichförmigkeitsmessung in der Drehbewegung auf die Erfassung des Summenfehlers verzichten.

I. Entwicklung des seismischen Ungleichförmigkeitsmessers

1. Das Meßprinzip

Wenn man auf die Ermittlung der Summenteilfehler vom Teilschneckenrad verzichtet, dann ist die niedrigste Frequenz der zu messenden Ungleichförmigkeit gleich der Schneckendrehzahl. Bei mittleren Maschinen bis etwa 1 m Tischdurchmesser treten hier Frequenzen von etwa 1 bis 2 Hz auf, bei Großverzahnmaschinen bis 4 m Tischdurchmesser geht diese Frequenz herunter bis zu etwa 0,2 Hz. Diese Ungleichförmigkeiten lassen sich mit einem seismischen System erfassen, wenn es gelingt, die Eigenfrequenz des Meßsystems so tief zu legen, daß sie gleich oder niedriger wird als die niedrigste zu messende Frequenz. Es wird daher für die Zwecke der Ungleichförmigkeitsmessung an Abwälzfräsmaschinen das an sich bekannte Meßprinzip der seismischen Schwingungsmessung angewendet. Ein solches Meßsystem zur Messung von Torsionsbewegungen zeigt in der prinzipiellen Anordnung die Abbildung 2.

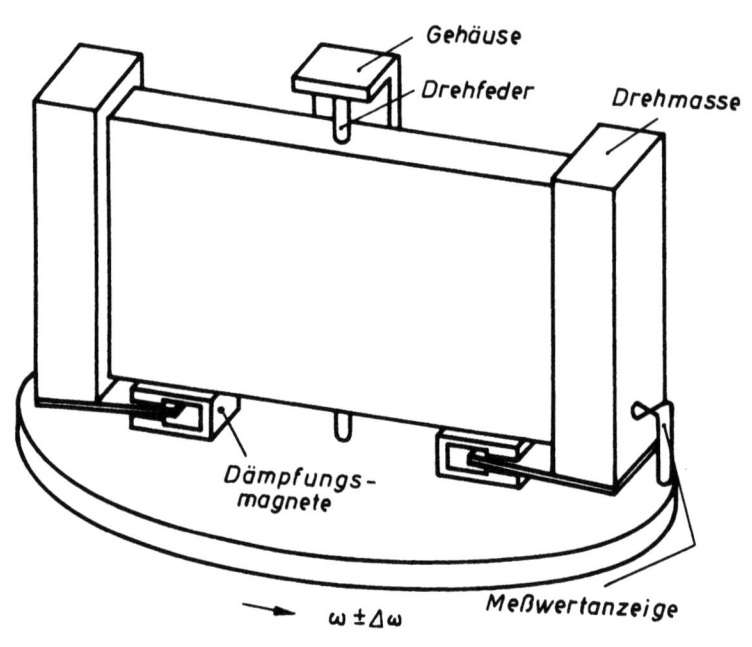

Abbildung 2
Seismischer Torsionsschwingungsmesser

Das Gehäuse des Meßgerätes wird fest mit dem zu messenden Objekt verbunden und führt entsprechend die gleichen Bewegungen aus wie das Meßobjekt selbst. Eine Drehmasse, die möglichst großes Trägheitsmoment aufweisen soll, ist mit dem Gehäuse über eine Drehfeder möglichst reibungsfrei gekoppelt. Dabei ist ferner dafür zu sorgen, daß die Drehmasse nur eine Drehbewegung um eine Achse ausführen kann. Zwischen Drehmasse und Gehäuse des Meßgerätes befindet sich noch ein Dämpfungssystem aus Permanent-Magneten. Die Meßwertanzeige wird dann zwischen Drehmasse und Meßgerätegehäuse abgegriffen und dort über ein elektrisches Wandlersystem in eine elektrische Spannung umgewandelt. Das Meßgerät in der prinzipiellen Anordnung auf einer Planscheibe zeigt die Abbildung 3.

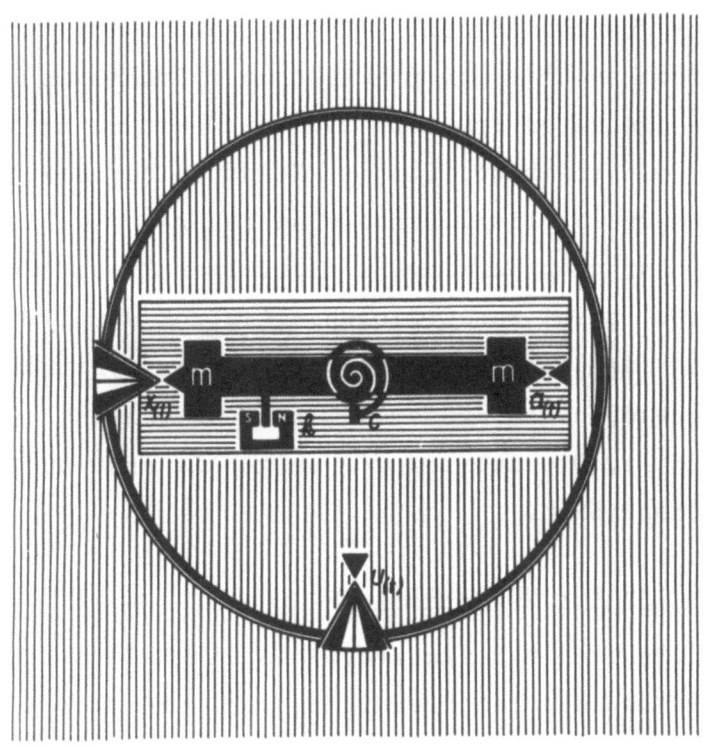

A b b i l d u n g 3
Drehschwingungsmesser

Die zu messende Planscheibe vollführe eine gleichförmige Bewegung, der eine ungleichförmige Bewegung u überlagert ist. Diese ungleichförmige Bewegung soll zwischen Meßgerätegehäuse und der Drehmasse meßbar gemacht werden, d.h. die Meßwertanzeige a soll gleich sein der Ungleichförmigkeit u. Dadurch, daß die Drehmasse mit einer Feder und einem Dämpfer mit dem Meßgerätegehäuse verbunden ist, werden auf die Drehmasse eine Federkraft und eine Dämpfungskraft ausgeübt, so daß die Drehmasse selbst eine Absolutbewegung x ausführt.

Um die Grenzen und Möglichkeiten des Systems beurteilen zu können, sollen daher zunächst die Bewegungsverhältnisse näher untersucht werden, wobei die Größen u, a und x zueinander ins Verhältnis zu setzen sind.

2. Bewegungsverhältnisse des Einmassensystems mit oszillierendem Aufhängepunkt

Das seismische Schwingungsmeßgerät besteht aus einem einfachen Einmassensystem mit einem Freiheitsgrad, bei dem der gemeinsame Aufhängepunkt der Feder und des Dämpfers eine periodische Bewegung ausführt. Der Dämpfer ist erforderlich, damit das System keine Eigenschwingungen ausführt, und er dient zur Linearisierung des Amplitudenverhaltens. Es wird zweckmäßig eine geschwindigkeitsproportionale Dämpfung angewendet, die sich einfach rechnen und auch praktisch verwirklichen läßt. Für das Verständnis des gesamten Prinzips und zur Beurteilung der Grenzen und Möglichkeiten des Verfahrens ist die Kenntnis der Bewegungsverhältnisse dieses Systems erforderlich. Diese sind daher aus der Differentialgleichung des einfachen Schwingers nachfolgend noch einmal abgeleitet und dargestellt. Es ist dabei gleichgültig, ob das System eine geradlinige Bewegung oder eine Drehbewegung ausführt. Die Betrachtungen werden an einem geradlinigen System gemacht, obwohl das Meßgerät selbst ein Drehsystem ist. Die Abbildung 4 zeigt die Anordnung und die Bezeichnung aller Rechengrößen.

a) Seismisches System, ungedämpft

Auf die Masse wirken die Massenkraft und die Federkraft ein. Die Massenkraft wird durch die Beschleunigung der seismischen Masse bewirkt. Ist φ die Absolutbewegung der Masse, so ergibt sich für die Massenkraft:

$$m \cdot \ddot{\varphi}$$

Die Federkraft resultiert aus der Längenänderung der Feder c um den Betrag $(\varphi - \breve{u})$ und beträgt:

$$c(\varphi - \breve{u})$$

Aus dem Gleichgewicht der Kräfte folgt die Differentialgleichung:

$$m \cdot \ddot{\varphi} + c(\varphi - \breve{u}) = 0$$

$$m \cdot \ddot{\varphi} + c \cdot \varphi = c \cdot \breve{u} = c \cdot u \cdot e^{j\omega t}$$

Lösungssatz:

$$\varphi = x \cdot e^{j(\omega t + \varepsilon)} = x \cdot e^{j\varepsilon} \cdot e^{j\omega t} = \varphi_o \cdot e^{j\omega t}.$$

Die Bewegung φ der Masse erfolgt in der gleichen Frequenz ω wie die Störbewegung; sie liegt jedoch zu dieser zeitlich phasenverschoben um den Winkel ε. Der Wert x bedeutet den absoluten Betrag der Amplitude, die Bezeichnung φ_o deutet an, daß die Amplitude eine vektorielle Größe ist, die in der komplexen Zahlenebene dargestellt ist.

$$\ddot{\varphi} = -\omega^2 \cdot \varphi_o \cdot e^{j\omega t} = -\omega^2 \cdot \varphi = -\omega^2 \cdot x \cdot e^{j\varepsilon} \cdot e^{j\omega t}$$

$$(-m \cdot \omega^2 + c) \cdot x \cdot e^{j\varepsilon} \cdot e^{j\omega t} = c \cdot u \cdot e^{j\omega t}.$$

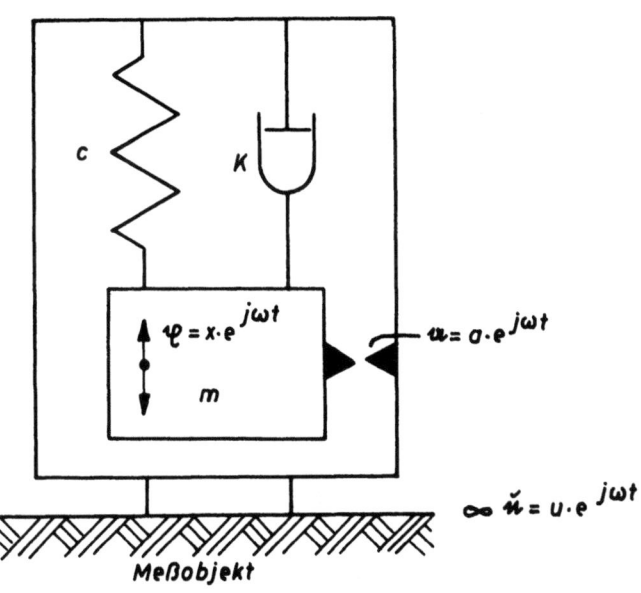

A b b i l d u n g 4
Seismisches Meßsystem

c   = Federkonstante

k   = Dämpfungskonstante

m   = Masse

$\ddot{u}$ = Momentanwert der Objektbewegung (zu messender Wert)

u   = Amplitude der Objektbewegung

ω   = Kreisfrequenz der Objektbewegung

φ = Momentanwert der Absolutbewegung der seismischen Masse m

x   = Amplitude der Absolutbewegung

α = Momentanwert der Relativbewegung zwischen seismischer Masse und Meßgerätegehäuse (Meßwertanzeige)

a   = Amplitude der Relativbewegung zwischen seismischer Masse und Meßgerätegehäuse (Meßwertanzeige)

P_c = Federkraft

P_D = Dämpfungskraft

P_m = Massenkraft

Der Vorteil der komplexen Darstellung liegt in der Möglichkeit, die Zeitfunktion $e^{j\omega t}$ abzuspalten. Für die Betrachtung der periodischen Bewegung interessieren nun die Amplituden nach Betrag und zeitlicher Zuordnung untereinander.

In der komplexen Zahlenebene stellen sich diese Amplituden als Vektoren dar, wobei die zeitliche Zuordnung durch die Winkellage und der absolute Betrag durch die Länge der Vektoren gegeben ist.

$$(c - m\omega^2) \cdot x \cdot e^{j\varepsilon} = c \cdot u$$

$$(c - m\omega^2) = \frac{u}{x} \cdot c \cdot e^{-j\varepsilon}.$$

Nach Abspalten der Zeitfunktion läßt sich das Amplitudenverhältnis $\frac{u}{x}$ durch eine komplexe Zahl ausdrücken von der Form:

$$a + jb = \rho \cdot e^{j\alpha}.$$

Da der Imaginärteil jb Null ist, wird auch der Phasenwinkel ε Null. Zwischen ρ und $\breve{u}$ besteht also keine Phasenverschiebung. Das Verhältnis der absoluten Amplitudenwerte ist:

$$\frac{x}{u} = \frac{c}{c - m\omega^2}.$$

Man definiert die Eigenfrequenz des Meßsystems ohne Dämpfung durch die Beziehung:

$$\omega_0 = \sqrt{\frac{c}{m}}$$

und führt für das Verhältnis Meßfrequenz ω zu Eigenfrequenz ω_0 das Frequenzverhältnis λ ein.

$$\lambda = \frac{\omega}{\omega_0}.$$

Damit erhält man beidseitig einen dimensionslosen Ausdruck:

$$\boxed{\frac{x}{u} = \frac{1}{1 - \lambda^2}} \qquad (1)$$

Man will nun zwischen Gehäuse und Masse die Bewegung des Meßobjektes $\breve{u}$ meßbar machen. An dieser Stelle greift man die Meßwertanzeige α ab. Die Anzeige ist die geometrische Summe aus den Bewegungen $\breve{u}$ und ρ.

$$\alpha = \breve{u} - \rho.$$

Da die Bewegungen jedoch gleichphasig sind, kann man einfach schreiben:

$$a = u - x$$

Es interessiert nun, inwieweit die Anzeige a dem zu messenden Wert u entspricht. Um eine dimensionslose Darstellung zu bekommen, bildet man zweckmäßigerweise das Verhältnis $\frac{a}{u}$ und erhält dafür:

$$\frac{a}{u} = \frac{u-x}{u} = 1 - \frac{x}{u}$$

$$\boxed{\frac{a}{u} = 1 - \frac{1}{1-\lambda^2} = \frac{\lambda^2}{\lambda^2 - 1}}$$
(2)

Bei Meßfrequenzen ω, die in der Nähe der Eigenfrequenz liegen, wird der Anzeigefehler sehr groß. Praktisch ist das System in der ungedämpften Form unbrauchbar, weil geringste Stöße es veranlassen, in der Eigenfrequenz Schwingungen auszuführen, die die Anzeige völlig verwischen. Man bringt daher parallel zur Feder zwischen Gehäuse und Masse einen Dämpfer, der eine geschwindigkeitsproportionale Dämpfungskraft erzeugt. Dieses gedämpfte System mit oszillierendem Aufhängepunkt verhält sich nunmehr anders, da die Größen u, a und x zeitlich zueinander verschoben werden und außerdem die Amplitudenverhältnisse auch von der Größe der Dämpfung abhängig werden.

b) Seismisches System mit geschwindigkeitsproportionaler Dämpfung

Die Bewegung der seismischen Masse

Auf die Masse m wirkt außer der Massen- und Federkraft nunmehr auch noch die Dämpfungskraft, die sich ergibt aus der Relativgeschwindigkeit zwischen Masse und Gehäuse, also den beiden Befestigungspunkten des Dämpfers.

$$K \cdot (\dot{\varphi} - \dot{u}) \ .$$

Damit erweitert sich die Differentialgleichung zu:
$$m \cdot \ddot{\varphi} + K(\dot{\varphi} - \dot{u}) + c(\varphi - u) = 0$$
$$m \cdot \ddot{\varphi} + K \cdot \dot{\varphi} + c\varphi = K \cdot \dot{u} + c \cdot u \ .$$

Unter Anwendung des gleichen Lösungsansatzes wird daraus:
$$\left[(c - m\omega^2) + j\omega K\right] \cdot x \cdot e^{j\varepsilon} = (c + j\omega K) u \ .$$

Darin ist die Zeitfunktion $e^{j\omega t}$ bereits abgespalten, und man erhält nach einfacher Umstellung das Amplitudenverhältnis:
$$\frac{x}{u} \cdot e^{j\varepsilon} = \frac{c + j\omega K}{(c - m\omega^2) + j\omega K}$$

als komplexe Zahl von der Form:
$$\mathfrak{z} = r \cdot e^{j\varepsilon} = \frac{a_1 + jb_1}{a_2 + jb_2} = A + jB \ .$$

Dabei deutet nunmehr das Vorhandensein des Imaginäranteils auf die bestehende zeitliche Verschiebung zwischen x und u hin. Der Phasenwinkel ε zwischen den beiden Größen ergibt sich aus:
$$\operatorname{tg} \varepsilon = \frac{B}{A} \ .$$

Der absolute Betrag des Amplitudenverhältnisses ergibt sich zu:

$$\frac{x}{u} = \sqrt{\frac{c^2 + \omega^2 K^2}{(c - m\omega^2)^2 + \omega^2 K^2}}$$

Zu der dimensionslosen Größe λ wird noch die Dämpfung D als weitere dimensionslose Größe eingeführt, die definiert ist durch die Beziehung:

$$D = \frac{K}{2m \cdot \omega_o}$$

Setzt man für ωk und $(c - m\omega^2)$ entsprechend den obigen Beziehungen $\omega k = 2 \cdot c \cdot D \cdot \lambda$ und $(c - m\omega^2) = c \cdot (1 - \lambda^2)$, so erhält man nach einigen Umformungen für das Amplitudenverhältnis $\frac{x}{u}$

$$\boxed{\frac{x}{u} = \sqrt{\frac{1 + 4 \cdot D^2 \cdot \lambda^2}{(1 - \lambda^2)^2 + 4 D^2 \cdot \lambda^2}}} \qquad (3)$$

Das Amplitudenverhältnis $\frac{x}{u}$ ist damit abhängig vom Frequenzverhältnis λ und der Dämpfung D. Wenn D = 0 wird, erhält man aus Gleichung (3) die Beziehung (1). Man stellt die Funktion $\frac{x}{u} = f(\lambda, D)$ in der Form dar, daß man D als Parameter wählt (Abb. 5). Für den Wert $\lambda = \sqrt{2}$ gehen alle Kurven unabhängig von der Größe von D durch einen Punkt, wobei $\frac{x}{u} = 1$ ist.

Es interessiert nun außer dem Verhältnis der Absolutbeträge auch der Phasenwinkel ε zwischen x und u. Dieser ist gegeben durch den Real- und Imaginärteil der komplexen Zahl

$$\frac{x}{u} \cdot e^{j\varepsilon} = A + jB,$$

wobei man nach den Rechenregeln für die Division von zwei komplexen Zahlen erhält:

$$A = \frac{a_1 \cdot a_2 + b_1 \cdot b_2}{a_2^2 + b_2^2} \qquad \text{und} \qquad B = \frac{a_2 b_1 - a_1 b_2}{a_2^2 + b_2^2}.$$

Mit

$$a_1 = c$$
$$a_2 = c - m\omega^2$$
$$b_1 = b_2 = \omega k$$

wird daraus nach einigen Zwischenrechnungen:

Realteil
$$\boxed{A = \frac{(1 - \lambda^2) + 4 D^2 \lambda^2}{(1 - \lambda^2)^2 + 4 D^2 \lambda^2}} \qquad (4)$$

Imaginärteil
$$\boxed{B = \frac{-2 D \lambda^3}{(1 - \lambda^2)^2 + 4 D^2 \lambda^2}} \qquad (5)$$

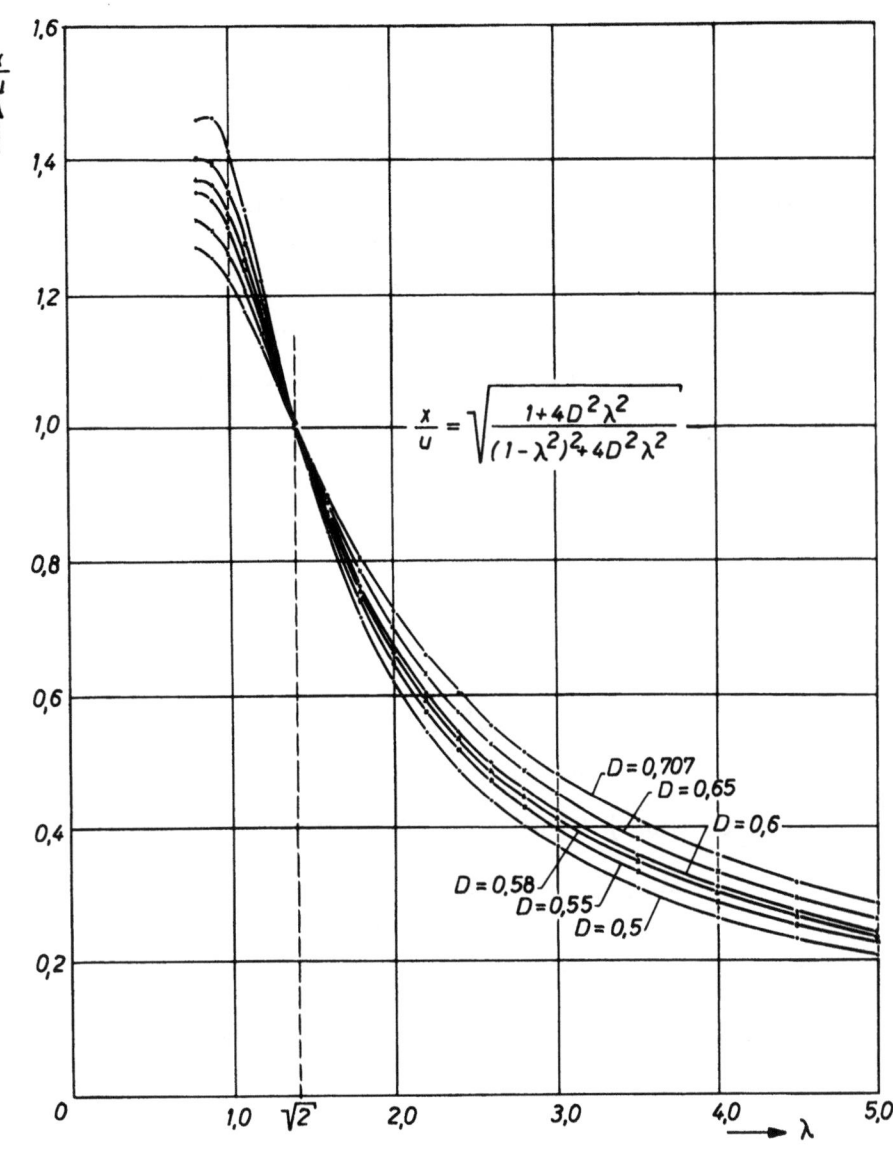

Abbildung 5

Bewegung der seismischen Drehmasse in Abhängigkeit
von der Frequenz und Dämpfung

Der Phasenwinkel ε ergibt sich nun aus:

$$\operatorname{tg} \varepsilon = \frac{B}{A}$$

$$\boxed{\operatorname{tg} \varepsilon = \frac{-2D \cdot \lambda^3}{1 + \lambda^2 (4D^2 - 1)}}$$

(6)

Damit ist die Bewegung der Masse x eindeutig nach Betrag und Phase bestimmbar in Abhängigkeit von der Dämpfung D und dem Frequenzverhältnis λ .

c) Die Meßwertanzeige

Nun interessiert in weit größerem Maße, in welchem Verhältnis die Anzeige a zu der zu messenden Größe u steht.

Dabei ergibt sich die Anzeige als die Differenz zwischen φ und $\breve{u}$:

$$w = \varphi - \breve{u}$$
$$\varphi = \breve{u} + w .$$

Man setzt erneut die Differentialgleichung an:

$$m \cdot \ddot{\varphi} + K(\dot{\varphi} - \dot{\breve{u}}) + c(\varphi - \breve{u}) = 0 .$$

Unter Benutzung der obigen Beziehung formt man diese Differentialgleichung um und erhält:

$$m \cdot \ddot{w} + K \cdot \dot{w} + c \cdot w = -m \cdot \ddot{\breve{u}} .$$

Die zu messende Bewegung sei wiederum
$$\breve{u} = u \cdot e^{j\omega t}$$
$$\ddot{\breve{u}} = -u \cdot \omega^2 \cdot e^{j\omega t}$$

Der Lösungsansatz:
$$w = a \cdot e^{j\delta} \cdot e^{j\omega t}$$
$$\dot{w} = j\omega \cdot a \cdot e^{j\delta} \cdot e^{j\omega t}$$
$$\ddot{w} = -\omega^2 \cdot a \cdot e^{j\delta} \cdot e^{j\omega t}$$

$$\left[(c - m\omega^2) + j\omega K\right] \cdot a \cdot e^{j\delta} = m\omega^2 \cdot u$$

$$\frac{a}{u} \cdot e^{j\delta} = \frac{m \cdot \omega^2}{(c - m\omega^2) + j\omega K} .$$

Das Amplitudenverhältnis $\frac{a}{u}$ ergibt sich ebenfalls als komplexe Zahl.

Zunächst wird der absolute Betrag dieses Verhältnisses bestimmt:

$$\frac{a}{u} = \sqrt{\frac{(m\omega^2)^2}{(c - m\omega^2)^2 + \omega^2 K^2}} .$$

Unter Verwertung der bereits erläuterten Beziehungen für λ und D wird daraus:

$$\frac{a}{u} = \frac{\lambda^2}{\sqrt{(1-\lambda^2)^2 + 4D^2\lambda^2}} . \tag{7}$$

Für den Fall, daß D = 0 wird, geht die Beziehung in Gleichung (2) über. Während beim ungedämpften System im Falle $\lambda = 1$ die Anzeige a unendlich wurde, ist beim gedämpften System dieser Wert endlich. Die gegenseitige zeitliche Zuordnung von a und u bleibt nun noch zu bestimmen. Diese zeitliche Verschiebung wird beschrieben durch den Phasenwinkel δ bzw. durch die Größe von Real- und Imaginärteil der komplexen Amplitude.

$$\frac{a}{u} \cdot e^{j\delta} = A + jB .$$

Für den Realteil erhält man nach einigen Zwischenrechnungen:

$$\boxed{A = \frac{(1-\lambda^2) \cdot \lambda^2}{(1-\lambda^2)^2 + 4D^2\lambda^2}} \tag{8}$$

Der Imaginärteil wird:

$$B = \frac{-2 \cdot D \cdot \lambda^3}{(1-\lambda^2)^2 + 4D^2\lambda^2} \tag{9}$$

Der Phasenwinkel δ zwischen dem Aufschrieb a und der zu messenden Größe u ergibt sich aus:

$$tg\delta = \frac{B}{A}$$

$$tg\delta = \frac{-2D\lambda}{1-\lambda^2} \tag{10}$$

Damit sind die Bewegungsverhältnisse für das geschwindigkeitsproportionalgedämpfte Einmassensystem mit oszillierendem Aufhängepunkt hinreichend beschrieben.

d) Graphische Darstellung der Ergebnisse

Einmal kann man die Verhältniss $\frac{x}{u}$ und $\frac{a}{u}$ im Absolutbetrag unter Vernachlässigung der Phasenunterschiede in Abhängigkeit vom Frequenzverhältnis λ darstellen mit der Dämpfung D als Parameter (Abb. 6). Diese Darstellung ist für den praktischen Gebrauch sehr wesentlich, weil damit das Verhalten des Meßgerätes bezüglich der amplitudengetreuen Anzeige in Abhängigkeit von der Frequenz beschrieben wird. Man bezeichnet diese Funktion vielfach als "Frequenzgang". Getrennt davon, jedoch mit dieser Darstellung korrespondierend, lassen sich die Phasenwinkel ϵ und δ in Abhängigkeit vom Frequenzverhältnis λ darstellen, ebenfalls mit D als Parameter.

Eine zweite Möglichkeit der anschaulichen Darstellung dieser Ergebnisse bietet die GAUSSsche Zahlenebene. Die zu messende Größe u erscheint auf der Abszisse und erhält den Wert 1. Die Meßwertanzeige a und die Amplitude der seismischen Masse x sind nach Betrag und Phase durch Vektoren darstellbar, deren Länge den Absolutbeträgen a und x entspricht und die mit der Abszisse den Phasenwinkel ϵ bzw. δ bilden.

Die Vektoren sind auch bestimmbar durch den Real- und Imaginärteil nach den Gleichungen (4), (5) und (8), (9).

Man erhält für jeden Wert von λ einen bestimmten Vektor. Verbindet man alle Vektorspitzen miteinander, so erhält man die sogenannte <u>Ortskurve</u>, die das Verhalten des Systems in einem Diagramm nach Betrag und Phase beschreibt. Für jede Ortskurve ist die Dämpfung D = const (Abb. 7). Diese Darstellung ist für den praktischen Gebrauch, wo meist nur die Absolutwerte der Meßwerte interessieren, unzweckmäßiger. Für die Beurteilung der Möglichkeiten zur Relativmessung mit zwei Geräten ist diese Darstellung jedoch unerläßlich.

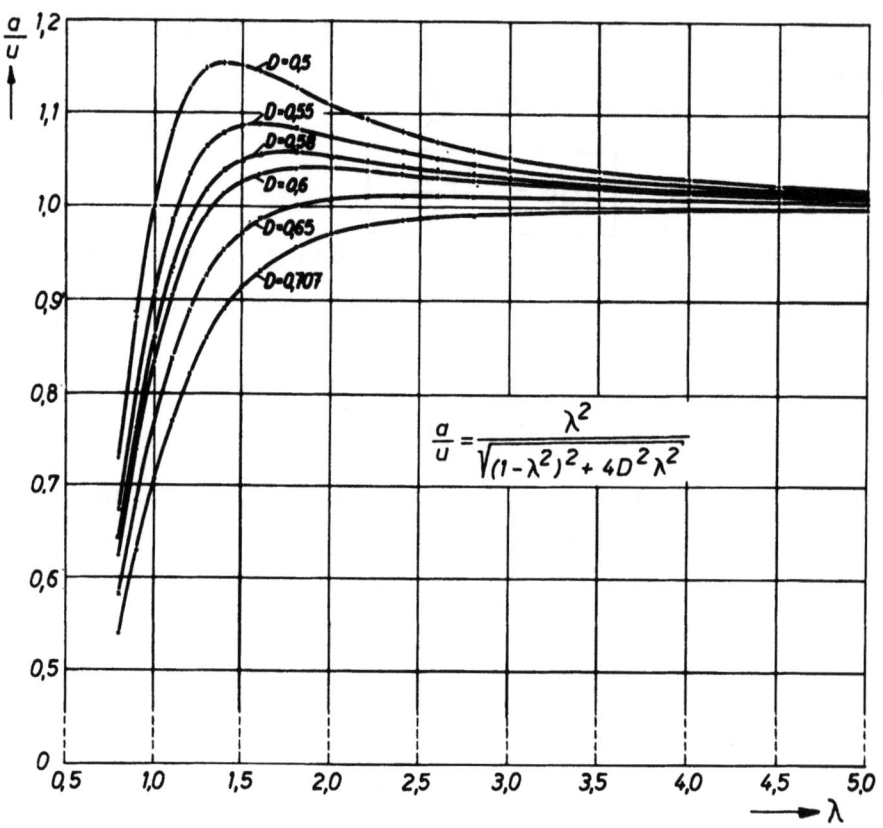

Abbildung 6
Frequenzgang eines seismischen Meßsystems mit oszillierendem Aufhängepunkt

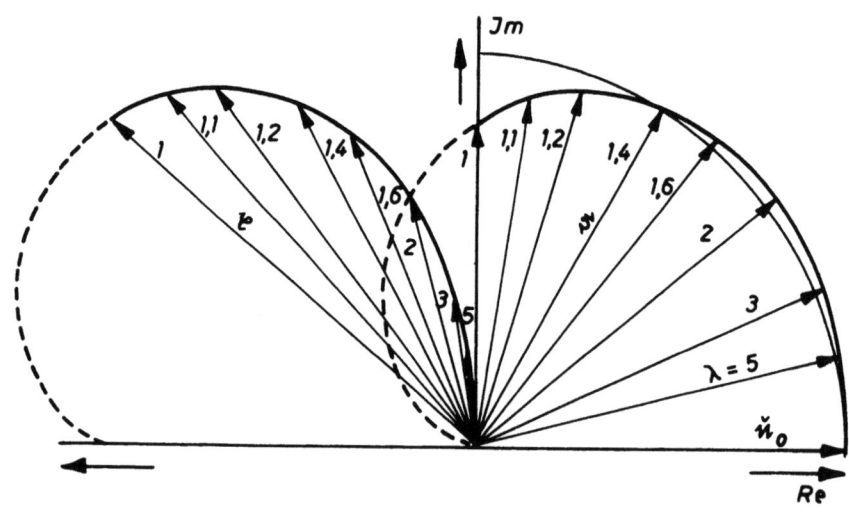

Abbildung 7
Ortskurven eines seismischen Schwingungsmessers

Für die Auslegung der Geräte ist die Entscheidung für die zweckmäßigste Dämpfung zu treffen. Dies läßt sich beurteilen, wenn man den "Frequenzgang", also das Verhältnis $\frac{a}{u} = f(D, \lambda)$ betrachtet. Diese Funktion läßt sich nun diskutieren.

Beim Frequenzverhältnis $\lambda = 1$, d.h. wenn die Meßfrequenz gleich der Eigenfrequenz wird, ergibt sich das Verhältnis $\frac{a}{u}$ zu:

$$\boxed{\frac{a}{u} = \frac{1}{2D} \text{ für } \lambda = 1} \tag{11}$$

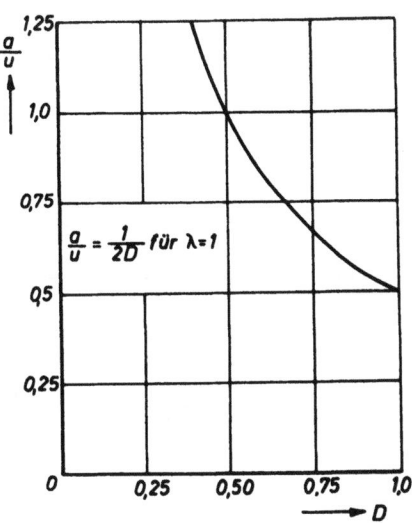

Abbildung 8

Der maximale Wert für $\frac{a}{u}$ ergibt sich nach Differentiation der Gleichung (7) zu:

$$\boxed{\left(\frac{a}{u}\right)_{max} = \frac{1}{2D \cdot \sqrt{1-D^2}}} \tag{12}$$

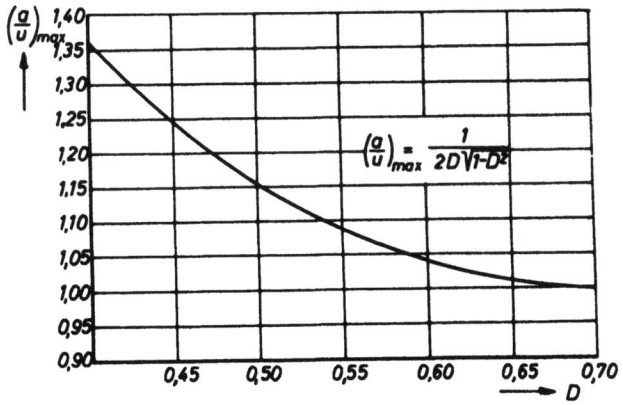

Abbildung 9

Dieser maximale Wert tritt auf an der Stelle:

$$\lambda = \frac{1}{\sqrt{1-2D^2}} \qquad (13)$$

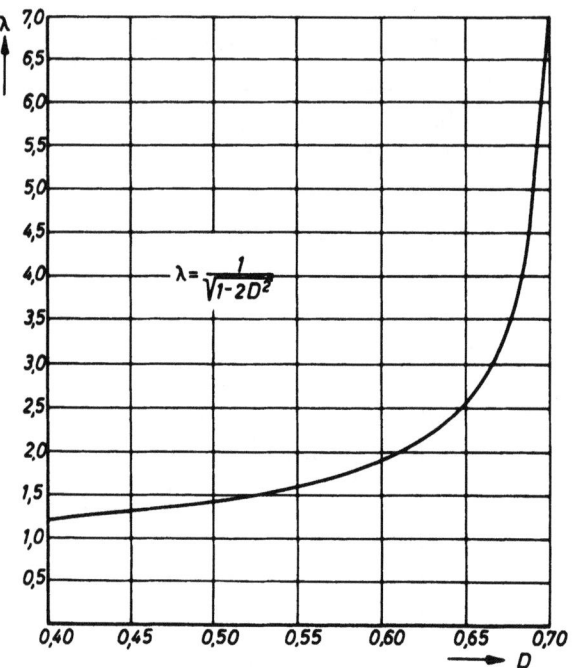

Abbildung 10

Das Verhältnis $\frac{a}{u}$ nimmt den Wert 1 an, wenn

$$\lambda = \frac{1}{\sqrt{2} \cdot \sqrt{1-2D^2}} \qquad (14)$$

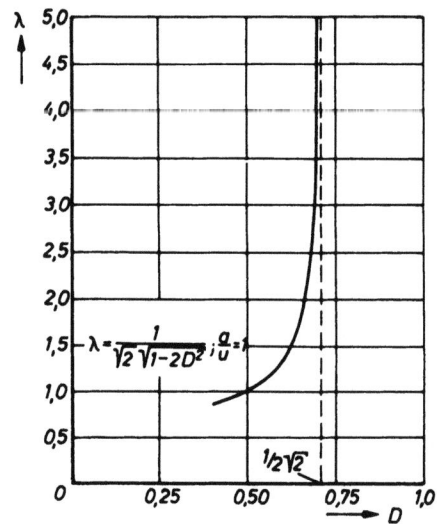

Abbildung 11

3. Möglichkeit der Relativmessung

Es sollen zwei Wellen gemessen werden, deren Ungleichförmigkeiten gleichen Betrag und gleiche Frequenz aufweisen und die zueinander gleichphasig liegen. Die Summe dieser ungleichförmigen Bewegung muß dann Null ergeben:

$u_1 = u_2$. Diese Größen lassen sich in der GAUSSschen Zahlenebene als Vektoren darstellen, die auf der Realachse liegen.

Zwei Geräte werden zur Messung benutzt, die die beiden Anzeigen $\mathfrak{w}_1$ und $\mathfrak{w}_2$ liefern. Diese Anzeigewerte stehen zur zu messenden Ungleichförmigkeit nach Betrag und Phase in einem bestimmten Verhältnis:

$$\frac{a_1}{u_1} = \mathfrak{w}_1 \quad \text{(siehe Seite 16, Gleichung 7)}$$

$$\mathfrak{w}_1 = \frac{\lambda^2}{\sqrt{(1-\lambda^2)^2 + 4D^2\lambda^2}}$$

$$a_1 = u_1 \cdot \mathfrak{w}_1$$
$$a_2 = u_2 \cdot \mathfrak{w}_2.$$

Das bedeutet, daß der Betrag der Anzeige a proportional ist der zu messenden Größe u, wobei die Funktion $\mathfrak{w}$, wie bekannt, abhängt von λ und D.

$$\mathfrak{w}_1 = a_1 \cdot e^{j\delta_1}$$
$$\mathfrak{w}_2 = a_2 \cdot e^{j\delta_2}$$

Die Meßwertanzeige ist eine vektorielle Größe, daher ist neben dem absoluten Betrag noch der Phasenwinkel δ zu berücksichtigen. Der Phasenwinkel ist nach Gleichung (10) ebenfalls abhängig von λ und D.

Es war vorausgesetzt worden, daß die Summe $u_1 - u_2 = 0$ sein soll. Die Anzeige ist dann richtig, wenn auch die Summe $a_1 - a_2 = 0$ wird. Dies ist nur dann möglich, wenn die Anzeigen dem absoluten Betrag als auch der Phasenlage nach gleich sind, d.h., wenn $\mathfrak{w}_1 = \mathfrak{w}_2$ und $\delta_1 = \delta_2$ ist. Dies ist nur gegeben, wenn das Frequenzverhältnis $\lambda_1 = \lambda_2$ und die Dämpfung $D_1 = D_2$ ist.

Das bedeutet:
Eine Relativmessung zwischen zwei sich drehenden Wellen ist möglich, wenn beide Meßsysteme gleiche Eigenfrequenz und gleiche Dämpfung besitzen.

Wenn diese Voraussetzung erfüllt ist, dann wird beispielsweise die Relativbewegung zwischen zwei Wellen, die gleiche Amplitudenwerte u_1 und u_2 aufweisen, immer als Null angezeigt, gleich wie groß das Frequenzverhältnis λ ist. Aus der Darstellung aus der GAUSSschen Zahlenebene (Abb. 12) wird dies besonders deutlich. Die Ungleichförmigkeiten u_1 und u_2 liegen gegenphasig. Die Anzeigen a_1 und a_2 sind gegenüber u_1 und u_2 phasenverschoben, und zwar um die Winkel φ_1 bzw. φ_2. Beide Winkel sind gleich, so daß die Anzeigendifferenz $a_1 - a_2 = 0$ wird. Für ein anderes Frequenzverhältnis - beispielsweise bei der Verwendung von zwei Meßsystemen niederer Eigenfrequenz - ergeben sich die Anzeigen a_1' und a_2' mit den entsprechenden Phasenwinkeln φ_1' und φ_2'. Auch hierbei wird die Anzeigendifferenz gleich Null.

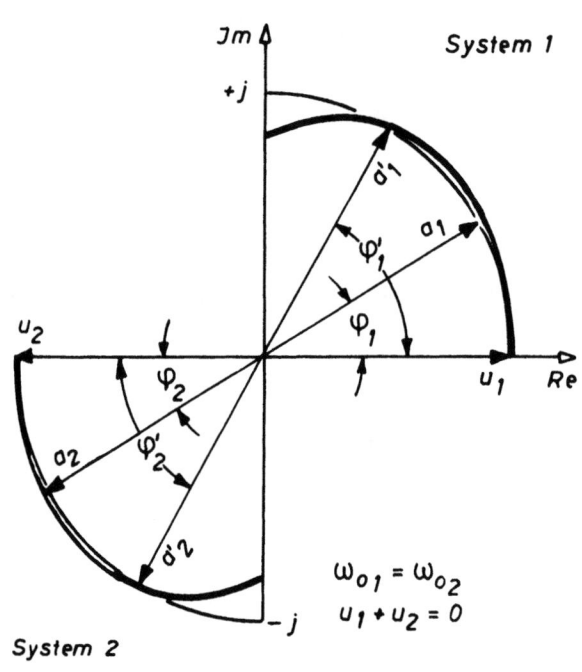

A b b i l d u n g 12
Ortskurven beim Zusammenschalten zweier Meßsysteme

Auch wenn die zu messende Ungleichförmigkeit auf beiden Wellen verschieden groß ist und zueinander noch zeitlich verschoben ist, erfolgt die Wertanzeige, wie nachfolgend gezeigt wird, einwandfrei, sofern nur die Voraussetzung gleicher Eigenfrequenz und Dämpfung der Meßsysteme erfüllt ist. Die Betrachtung erstreckt sich auf sinusförmige Bewegungen gleicher Frequenz. Bei Frequenzgemischen erfolgt die Anzeige ebenfalls einwandfrei, weil man das Gemisch in eine Fourierreihe zerlegen kann, so daß für jede Fourierkomponente die Addition der Meßwertanzeigen einzeln durchgeführt werden kann.

Die Ungleichförmigkeiten u_1 und u_2 seien verschieden und mögen zueinander um den Winkel φ verschoben liegen.

$$\breve{u}_1 = u_1; \qquad \breve{u}_2 = u_2 \, e^{j\varphi}.$$

Die Meßwertanzeigen ergeben sich zu:

$$w_1 = a_1 \cdot e^{j\delta_1} \quad \text{wobei } \delta_1 \text{ der Winkel zwischen } a_1 \text{ und } u_1$$
$$w_2 = a_2 \cdot e^{j\delta_2} \quad \text{wobei } \delta_2 \text{ der Winkel zwischen } a_2 \text{ und } u_2$$

ist.

Da jedoch u_2 noch um den Winkel φ verschoben ist, ergibt sich für die Meßwertanzeige

$$w_2 = a_2 \cdot e^{j\delta_2} \cdot e^{j\varphi}$$

Aus der Voraussetzung gleicher Eigenfrequenz und gleicher Dämpfung folgt, daß die Funktion $a_1/u_1 = a_2/u_2$ und $\delta_1 = \delta_2$ ist.

Die Differenz in der Ungleichförmigkeit ist:

$$\Delta \breve{u}_1 = \breve{u}_1 - \breve{u}_2 = u_1 - u_2 \cdot e^{j\varphi}$$

Die Differenz in der Meßwertanzeige:

$$\Delta w = w_1 - w_2 = (a_1 - a_2 \cdot e^{j\varphi}) \cdot e^{j\delta}$$

Nach Gleichung (7) ist a proportional u; $a = u \cdot w$; $\Delta w = (u_1 - u_2 \cdot e^{j\varphi}) \cdot w \cdot e^{j\delta}$. Setzt man die Anzeige wiederum ins Verhältnis zur Meßgröße u, so wird daraus:

$$\frac{\Delta w}{\Delta \breve{u}} = w \cdot e^{j\delta}$$

Das bedeutet, daß bei der Messung von Relativwerten zwischen zwei Wellen die Meßwertanzeige bezüglich des Betrages in der gleichen Weise wiedergegeben wird wie bei der Messung einer einzigen Welle. Der Frequenzgang des Meßgerätes gilt auch bei der Relativmessung. Die Anzeige Δ a ist außerdem um den Winkel δ gegenüber der Ungleichförmigkeit Δ u phasenverschoben. Hierfür gilt wiederum die gleiche Phasenbeziehung (Gleichung (10)).

Damit dürfte klar erkenntlich sein, daß mit 2 Meßgeräten die Relativmessung zwischen zwei Wellen möglich ist. Das Verfahren bietet bei der Relativmessung jedoch noch erhebliche Vorteile. Die Wellen können windschief zueinander im Raum liegen und unterschiedliche Drehzahlen aufweisen. Die Drehzahlen können beliebig zueinander verändert werden, ohne daß an den Geräten eine Veränderung vorgenommen werden muß. Bei den Reibscheiben- und Teilscheibenverfahren erfordert dies stets eine Umstellung des Meßaufbaues.

Die Voraussetzung gleicher Eigenfrequenz läßt sich sehr genau einhalten, da die genaue Messung der Eigenfrequenz im ungedämpften Zustand keinerlei Schwierigkeiten macht und durch Ausmessen der Schwingungsdauer mit sehr großer Genauigkeit erfolgen kann.

Etwas schwieriger ist die genaue Abstimmung der Dämpfungswerte. Die Abklingkurve ist zur genauen Dämpfungsbestimmung ungeeignet bei den großen Dämpfungswerten, die erforderlich sind. Die Einstellung geschieht am zweckmäßigsten, wenn man beide Meßsysteme gleichzeitig auf dem Eichtisch dynamisch eineicht, d.h. bei verschiedenen Frequenzen - insbesondere in der Nähe der Eigenfrequenz der Geräte - die Meßwertanzeige durch Verändern der Dämpfung so einregelt, daß beide Anzeigen gleich groß sind. Sehr empfindlich kann diese Einstellung gemacht werden, wenn man die Differenz der Anzeigen elektrisch bildet und diese registriert.

Die elektrische Zusammenschaltung bei der Relativmessung erfolgt zweckmäßigerweise am Ausgang der Trägerfrequenzmeßverstärker. Diese Schaltung hat den Vorteil, daß man gleichzeitig die beiden Absolutbewegungen und auch die Relativbewegung von zwei Wellen, also beispielsweise Fräserwelle und Frästisch, aufschreiben kann (Abb. 13).

Zur Relativmessung benötigt man also zwei Meßgeräte und auch zwei gleiche Trägerfrequenzmeßverstärker. Diese beiden Meßverstärker müssen selbstverständlich gleichen Frequenz- und Phasengang besitzen und vor allen Dingen die gleiche Verstärkung aufweisen. Am Ausgang des Trägerfrequenzmeßverstärkers lassen sich nun jeweils die Absolutbewegungen abgreifen und einem Schreiber zuführen. Gleichzeitig kann man in einem Mischer die Differenz der beiden Absolutbewegungen bilden, die dann ebenfalls dem Schreiber zugeführt wird, so daß auch gleichzeitig die Relativbewegung zwischen Frässpindel und Frästisch aufgeschrieben werden kann. Dabei ist jedoch zu beachten, daß die Mischung der Meßwerte mit verschiedener Empfindlichkeit zu erfolgen hat, da nämlich die Größe

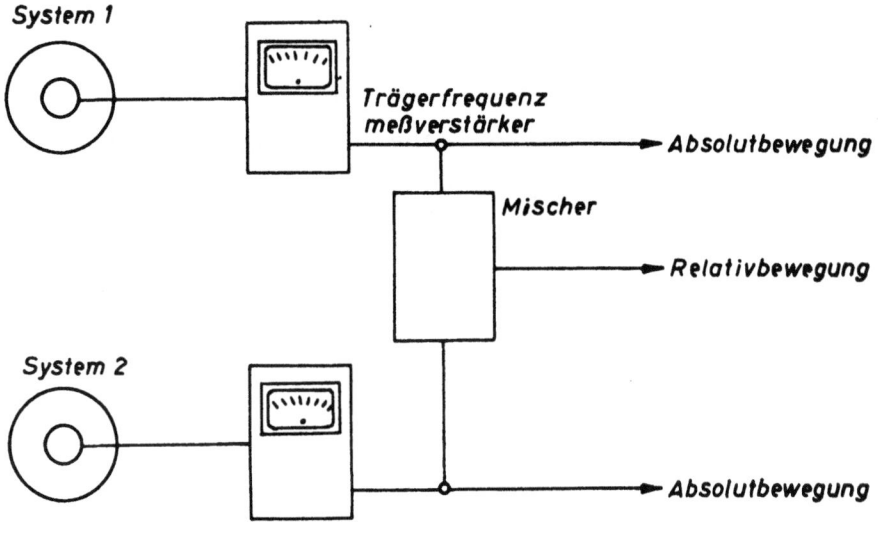

Abbildung 13
Blockschaltbild zur Relativmessung

des Frästisches im Verhältnis zum verwendeten Meßgerät und andererseits die Größe des Fräsers und die Fräsersteigung im Verhältnis zum angewendeten Meßgerät berücksichtigt werden müssen. Die Verstärkung der beiden Trägerfrequenzmeßverstärker bzw. die Differenzbildung im Mischer hat so zu erfolgen, daß als Relativbewegung die Bewegung zwischen erzeugender Zahnstange und zu erzeugendem Zahnprofil angezeigt wird. Das bedeutet, daß die Meßwertverstärkung für das Meßsystem, das auf dem Tisch befestigt ist, so eingeregelt wird, daß eine Ungleichförmigkeit von beispielsweise 1 µ am Umfang des zu erzeugenden Rades einer bestimmten Spannung entspricht. Der zweite Meßverstärker ist nun so einzuregeln, daß 1 µ Verschiebung der Zahnstange eine Spannung der gleichen Größe ergibt. Hierbei ist also zu berücksichtigen, daß das Meßgerät gegenüber dem verwendeten Fräser einen unterschiedlichen Durchmesser hat und weiterhin, daß die Fräsersteigung eine erhebliche Verminderung der Ungleichförmigkeit bewirkt, da ja nur die achsiale Verschiebung des Zahnstangenprofils einen Fehler auf dem zu erzeugenden Zahnrad bewirkt. Beide Meßsysteme müssen also je nach Anwendung auf die entsprechende Maschinengröße eingeregelt werden können. Diese Einregelung kann in groben Stufen an den Trägerfrequenzmeßverstärkern selbst erfolgen durch entsprechende Empfindlichkeitseinstellung. Die genauen Empfindlichkeitsverhältnisse lassen sich dann weiterhin durch Potentiometer im Mischer genau einregeln.

Auf diese Weise lassen sich nicht nur komplette Maschinen untersuchen, sondern es besteht die Möglichkeit, bereits das Teilgetriebe einer Abwälzfräsmaschine vor dem Einbau in die Maschine auf einem entsprechenden Prüfstand zu vermessen. Da man nach dem seismischen Verfahren ebenfalls Meßgeräte für die translatorische Bewegungsmessung aufbauen kann, beispielsweise unter Verwendung eines statischen Pendels, wird sich auch auf diese Weise eine Prüfung von Leitspindeln vornehmen lassen (Abb. 14).

Wie bereits erwähnt, ist die Abstimmung der beiden Meßsysteme auf gleiche Eigenfrequenz ohne große Schwierigkeiten möglich. Die Einstellung gleicher Dämpfungswerte dagegen ist etwas schwieriger. Es ist daher nachgerechnet worden, welche Anzeigefehler sich ergeben, wenn die Dämpfungswerte der beiden Meßgeräte differieren.

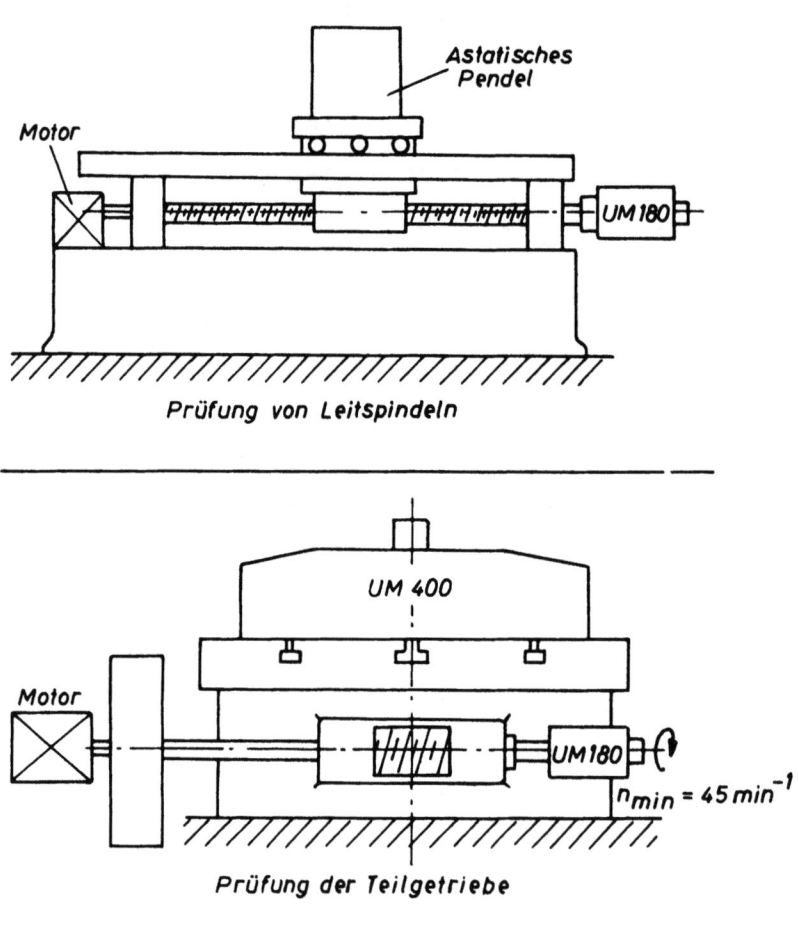

A b b i l d u n g 14
Prüfeinrichtungen

So ist beispielsweise der Anzeigefehler für drei verschiedene Kombinationen errechnet worden, d.h., das Meßsystem 1 und das Meßsystem 2 haben nachfolgende unterschiedliche Dämpfungswerte. Im ersten Fall

D 1 = 0,55, D 2 = 0,58. Im zweiten Fall D 1 = 0,55, D 2 = 0,60; im dritten Fall D 1 = 0,58 und D 2 = 0,60. Der Anzeigefehler ist in Abbildung 15 in Abhängigkeit vom Frequenzverhältnis λ für die drei angegebenen Fälle aufgetragen. Man sieht, daß man die Anzeigefehler sicherlich unter zwei bis drei Prozent halten kann.

Ein Versuch bestätigt diese Überlegung. Es wurden zwei gleiche Meßgeräte auf eine gemeinsame Welle angeordnet und auf gleiche Empfindlichkeit eingeregelt. Auf dem Aufschrieb in Abbildung 16 sind, wie bereits beschrieben, die beiden Absolutbewegungen sowie die Relativbewegung gleichzeitig registriert. Es ist dabei zu bemerken, daß im oberen Diagramm für alle drei Schreibkanäle gleiche Empfindlichkeit eingestellt ist. In dem unteren Diagramm wird die Empfindlichkeit für die Relativmessung auf das 10fache erhöht, so daß nunmehr ein geringer Anzeigefehler in der Relativmessung erkennbar wird, der zwischen 1 bis 1,5 % liegt. Damit ist also gezeigt, daß man tatsächlich bei der Relativmessung auch die Dämpfung der beiden Meßsysteme mit ausreichender Genauigkeit aufeinander abstimmen kann.

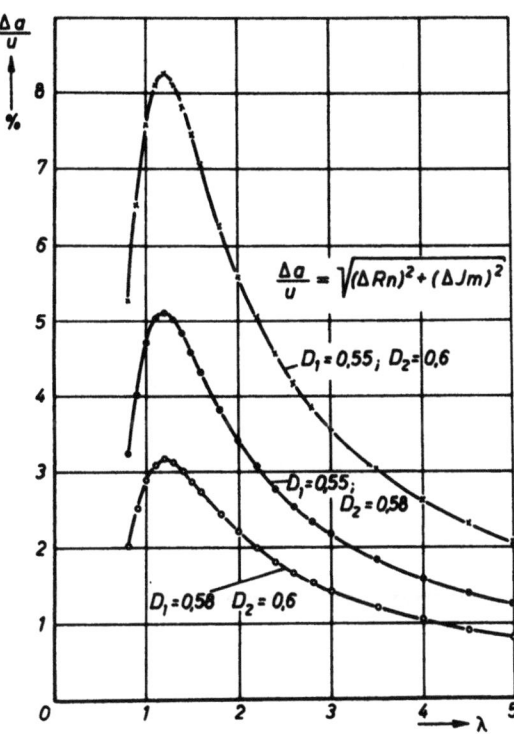

Abbildung 15

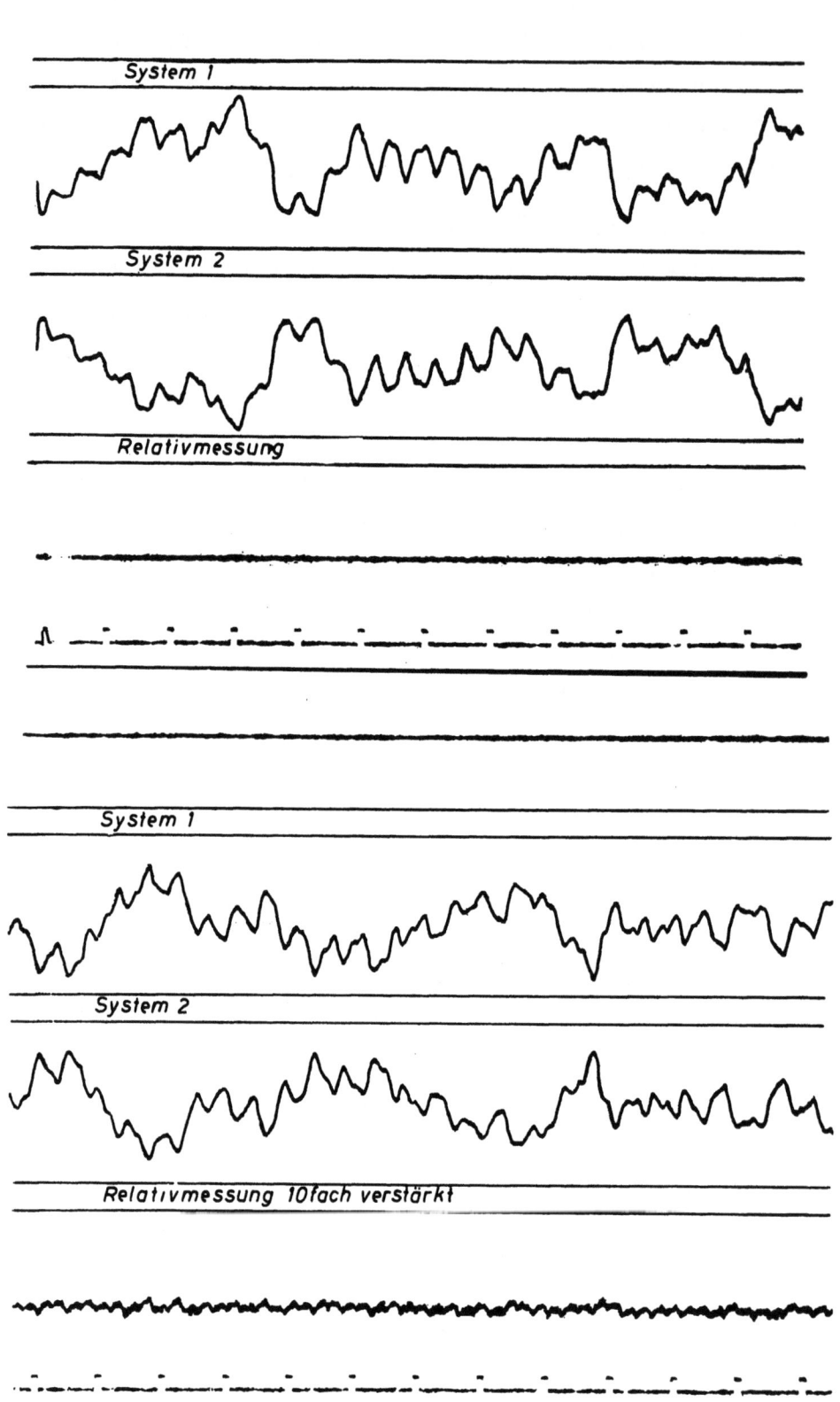

Abbildung 16a und b
Prüfung der Relativmessungen

4. Die konstruktive Ausführung der Meßgeräte

Das gesamte Bewegungsverhalten des Meßsystems ist durch die vorausgegangene theoretische Betrachtung eindeutig beschrieben. Bei der konstruktiven Ausführung der Geräte muß versucht werden, das Bewegungsverhalten möglichst fehlerfrei zu erreichen. Die Rechnung macht einige Voraussetzungen, die auch bei der baulichen Ausführung der Geräte zu berücksichtigen sind. Ferner ist dafür zu sorgen, daß das System nur einen Freiheitsgrad besitzt. Für den Drehschwingungsmesser bedeutet dies, daß die Drehmasse nur um eine feste Achse drehbar angeordnet wird. Die Drehmasse muß daher eine Führung erhalten, bei der die Forderung nach Reibungsfreiheit unter allen Umständen erfüllt werden muß. Weiterhin besteht die Forderung nach geschwindigkeitsproportionaler Dämpfung und linearer Federcharakteristik. Bei der konstruktiven Ausführung muß ferner vermieden werden, daß größere Störeinflüsse und Störkräfte, insbesondere solche, die auf die Drehmasse einwirken können, ausgeschaltet werden. Hier wären Einflüsse zu nennen, die durch magnetische Einwirkung, Temperatur, Luftbewegung und Schwerkraft zustandekommen. All diesen Störeinflüssen ist es zuzuschreiben, daß man in der praktischen Ausführung des Meßsystems die Eigenfrequenz nicht bis zu beliebig kleinen Werten erniedrigen kann.

a) Die Ausbildung der Schwungmasse

Im Interesse einer niedrigen Eigenfrequenz und der Handlichkeit des Meßgerätes ist es wünschenswert, bei der Schwungmasse ein möglichst großes Trägheitsmoment bei niedrigstem Gewicht und bei geringstem Raumbedarf zu erreichen. Bildet man die Schwungmasse als zylindrischen Körper mit ringförmigem Querschnitt aus, so erhält man zwar ein großes Trägheitsmoment bei geringem Gewicht, man erhält jedoch insbesondere bei Geräten mit großem Durchmesser sehr unhandliche Abmessungen. Es wurde daher in allen Fällen bei der Ausführung der Schwungmasse eine Form vorgezogen, wie sie in Abbildung 17 dargestellt ist. Die beiden äußeren Gewichte werden durch einen möglichst leichten Tragkörper miteinander verbunden. Zur Erzielung des gleichen Trägheitsmomentes wie bei einem zylindrischen Drehkörper sind zwar etwas höhere Gewichte erforderlich, der Gewinn an Raumbedarf ist jedoch unvergleichlich höher. Außerdem bietet diese Ausführungsform den Vorteil der leichteren Zugänglichkeit und der größeren Freizügigkeit in der Anordnung der Dämpfungseinrichtung, der Eicheinrichtung sowie der elektrischen Meßwertwandler. Bei Geräten mit kleinerem Durchmesser erhalten die äußeren

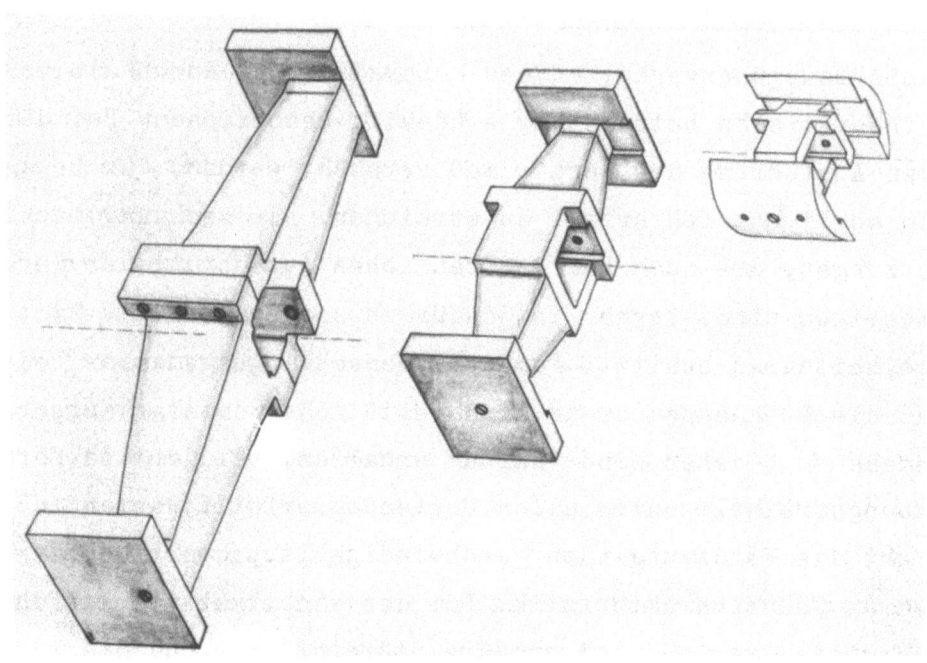

Abbildung 17
Ausbildung der Schwungmasse

Gewichte zur besseren Raumausnutzung Zylinderflächen. Bei der Prototype war die Drehmasse in einer Schweißkonstruktion ausgeführt, wie dies Abbildung 18 zeigt. Die beiden äußeren Stahlgewichte sind an einem Tragkörper befestigt, der aus Stahlblech geschweißt ist. Bei dieser Ausführung in Stahl tritt bei empfindlichen Messungen das magnetische

Abbildung 18
Schwungmasse in Schweißkonstruktion

Erdfeld als Störgröße auf und bewirkt einen Meßfehler. Bei allen weiteren Konstruktionen wurde daher die Stahlbauweise aufgegeben, und es wurden für die Herstellung des Rotors sowie auch des Gestelles nur unmagnetische Materialien verwendet. Die äußeren Gewichte der Drehmassen werden aus Bronze hergestellt, während der Tragkörper aus Silumin gegossen wird. Dieser Aufbau der Schwungmasse ist besonders deutlich bei dem Gerät UM 1200 zu erkennen, welches die Abbildung 19 zeigt.

Abbildung 19
Schwungmasse in Silumin-Gußkonstruktion

b) Drehachse und Drehfeder

Der Forderung nach einer vollkommenen Reibungsfreiheit der Rundführung für die Drehachse können weder Wälzlager noch Edelsteinlager genügen. Da die Drehmasse jedoch nur um einen geringen Winkelbetrag drehbar sein muß, kann die Aufhängung der Drehmasse in einem Kreuzfedergelenk erfolgen, das bei völliger Reibungsfreiheit für eine feste Drehachse sowie für die erforderliche Rückstellkraft sorgt. Bei größerer Winkelbewegung treten zwar Verlagerungen der Drehachse auf, die jedoch bei den kleinen Winkelausschlägen der Drehmasse vernachlässigbar klein sind und für die Funktion des Gerätes keinerlei nachteilige Auswirkungen haben. Bei der Dimensionierung des Kreuzfedergelenkes ist darauf zu achten, daß dieses das gesamte Rotorgewicht aufnehmen muß und andererseits die zur Erzielung einer bestimmten Eigenfrequenz erforderliche Rückstellkraft aufweist. Zur Bildung einer starren Drehachse werden zwei Kreuzfedergelenke in möglichst großem Abstand voneinander angeordnet. Bei der Prototype waren die beiden Gelenkkörper unabhängig voneinander auf dem Tragkörper und im Gestell zu befestigen. Die Nachteile dieser Konstruktion durch mögliche Achsparallelität- und Fluchtfehler wurden bei der neueren Ausführungsform der Kreuzfedergelenke vermieden. Die Abbildung 20 zeigt, wie beim Gerät UM 1200 zwei Gelenke an einem gemeinsamen Gelenkkörper befestigt sind. Auf diese Weise können die Kreuzfedergelenke vor dem Zusammenbau des Gerätes justiert werden. Besondere Sorgfalt ist der Einspannung der Federn zu widmen, auch die Wahl des Werkstoffes beeinflußt die Federeigenschaften wesentlich.

Abbildung 20
Kreuzfedergelenk

c) Die Dämpfung

Die bei Meßgeräten häufig angewendete Öl- oder Luftdämpfung scheidet bei einem Meßgerät solcher Empfindlichkeit aus wegen der dadurch entstehenden Hysterese, die auf das System übertragen wird. Dabei ist die Luftdämpfung nur sehr schwierig geschwindigkeitsproportional zu gestalten und die Öldämpfung ist weitestgehend temperaturabhängig. All diese

Nachteile vermeidet die elektrische Wirbelstromdämpfung, die zudem noch den Vorzug der einfachen Ausführung besitzt. Mit der Entwicklung besonderer magnetischer Werkstoffe ist es möglich, auf kleinem Raum sehr große magnetische Luftspaltenergien zu erzeugen. Bei den heute verwendeten Sinterwerkstoffen ist die magnetische Energie auf etwa das 30fache gegenüber den früher üblichen Stahlmagneten gestiegen bei gleichen baulichen Abmessungen. Die Anordnung der Dämpfungssysteme erfolgt nun in der Weise, daß die Magnete mit dem Gehäuse verbunden werden, wohingegen die Dämpfungsbleche, die in dem Luftspalt der Magnete eintauchen, an der Drehmasse befestigt sind. In den Abbildungen 19, 21 und 22 ist die Anordnung der Dämpfungssysteme bei den verschiedenen Geräten erkennbar. Das Bremsmoment einer metallischen Scheibe, die in das Feld eines Magneten eintaucht, errechnet sich nach der Beziehung

$$M = C \cdot r^2 \cdot n \cdot d \cdot \varkappa$$

Darin bedeuten

  C – Konstante, bestimmt durch die Größe des Magneten
  r – der Radius der Scheibe, gemessen bis zur Mitte der Polfläche des Magneten,
  n – die Drehzahl der Scheibe
  d – die Dicke der Scheibe und
  $\varkappa$ – die elektrische Leitfähigkeit der Scheibe.

Bringt man diese Beziehung in Verbindung mit der Beziehung für die Dämpfung D, so erhält man daraus nach einigen Zwischenrechnungen:

$$D \simeq r^2 \cdot d \cdot \varkappa \cdot \frac{1}{f_0 \cdot \Theta}$$

Daraus sieht man, daß man zur Erzielung einer möglichst großen Dämpfungswirkung die Magnetsysteme möglichst weit nach außen an den Umfang des Gerätes legen sollte. Ferner entnimmt man dieser Beziehung, daß man für die Dämpfungsfläche ein Material wählen soll mit möglichst großer elektrischer Leitfähigkeit, also z.B. Kupfer. Die Dämpfung wächst weiterhin proportional mit der Dicke der Bremsfläche. Mit Rücksicht darauf, daß sich an den sehr starken Magneten metallische Verunreinigungen ansammeln, die zu einer unerwünschten Reibung zwischen Drehmasse und Gehäuse führen, wählt man den Luftspalt zwischen Magnet und Dämpfungsblech möglichst groß. Die oben angegebene Gleichung ermöglicht die Vorausberechnung der Dämpfung in guter Näherung. Die genaue Bestimmung des Dämpfungswertes zur Erzielung eines günstigen Frequenzganges wird dann

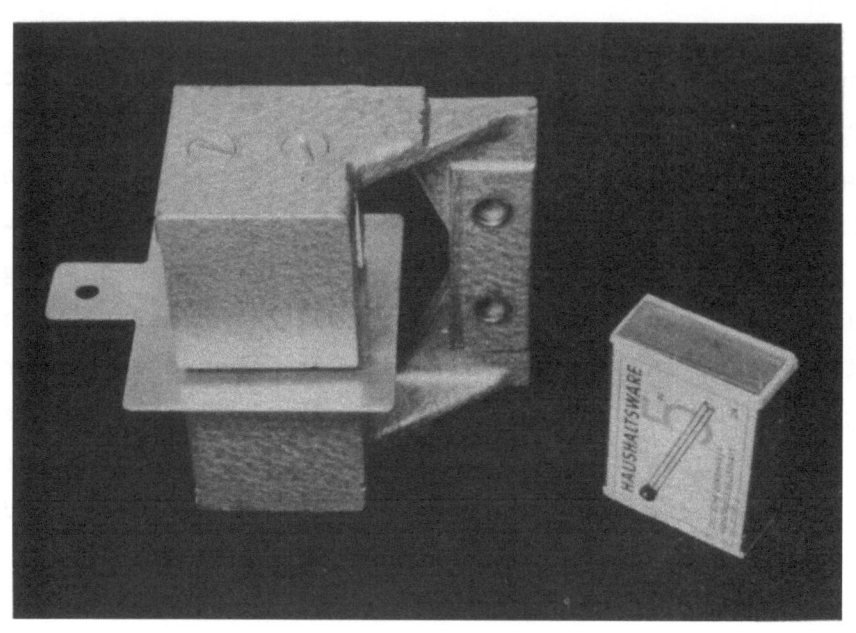

Abbildung 21
Dämpfungsmagnet

Abbildung 22
Anordnung der Dämpfungsmagnete im Meßgerät UM 180

versuchsmäßig vorgenommen. Dabei hat man die Möglichkeit, den Dämpfungswert zu variieren durch Wahl von Kupfer- oder Aluminiumblechen verschiedener Stärke oder auch durch Bildung eines magnetischen Nebenschlusses an den Dämpfungsmagneten. Bei Geräten mit größerem Durchmesser, wie das Gerät UM 1200 und UM 400, bereitet die Unterbringung der Dämpfungsmagnete keinerlei Schwierigkeiten. Bei kleineren Geräten, wie beispielsweise bei dem Gerät UM 180, wird es bereits schwierig, mit den Magneten die gewünschte Dämpfung zu erreichen. Die Abbildung 22 zeigt die Anordnung des Dämpfungsmagneten im Gehäuse.

5. Das elektrische Wandlersystem und die elektronische Einrichtung

Nachdem nun sämtliche Voraussetzungen für die einwandfreie Funktion des Meßprinzips gegeben sind, kann man zwischen Gehäuse und Drehmasse die Meßwertanzeige abgreifen. Das an dieser Stelle eingesetzte Meßsystem muß folgende Anforderungen erfüllen:

eine ausreichende Meßwertverstärkung bis zur 10 000fachen Vergrößerung,

die Abnahme des Meßwertes vom rotierenden Meßgerät aus,

die statische Eichbarkeit und

die Aufzeichnung von Frequenzen bis zu etwa 100 Hz,

berührungsloses Messen zwischen Gehäuse und Drehmasse, damit hier weiterhin jegliche Reibung und Berührung vermieden wird,

die Möglichkeit der Registrierung der Meßwerte in Abhängigkeit von der Zeit.

Diese Forderungen vermag nur ein elektrisches Meßverfahren zu erfüllen. Für die Umwandlung mechanischer Größen in elektrische Größen hat sich das trägerfrequente Verfahren weitgehend durchgesetzt und in der Praxis bewährt. Elektrodynamische Verfahren zeichnen sich zwar durch die größere Einfachheit aus, sie ermöglichen jedoch keine statische Eichung und liefern nur sehr geringe Spannungen, da die zu messenden Ungleichförmigkeiten nur sehr geringe Geschwindigkeiten aufweisen im Gegensatz zu den normalerweise im Maschinenbau auftretenden Schwingungserscheinungen, für deren Messung elektrodynamische Systeme eingesetzt werden. Für die berührungslose trägerfrequente Meßwertumwandlung kommen sowohl induktive als auch kapazitive Meßwertwandler in Betracht. Wegen der wesentlich geringeren Störanfälligkeit ist jedoch den induktiven Systemen der Vorzug zu geben. Außerdem kann bei induktiven Systemen mit einer niedrigeren Trägerfrequenz zwischen 1 bis 10 kHz gearbeitet werden, so daß auch längere Kabelzuleitungen von der Trägerfrequenz-Meßbrücke bis zum Ungleichförmigkeitsmesser unkritisch sind. Als eigentlicher Meßwertwandler wird ein Tauchankersystem verwendet. In zwei Spulenhälften, die in einer Wechselstrombrücke liegen, wird ein kleiner Anker eingetaucht. Die Verschiebung dieses Ankers innerhalb der Spulen verändert deren Induktivität und verstimmt auf diese Weise die elektrische Brücke. Das Brückensignal kann verstärkt und später phasenempfindlich gleichgerichtet werden, so daß am Ausgang der Trägerfrequenzmeßbrücke ein Meßwertsignal in Form einer elektrischen Spannung zur Verfügung steht, das nach Größe und zeitlichem Verlauf dem zwischen Masse und Gehäuse gemessenen Wegunterschied analog ist. Die Abbildung 23 zeigt die Spulen der induktiven Meßsysteme. Infolge der geringen baulichen Abmessungen lassen sich diese sehr leicht unterbringen. Im Meßgerät selbst werden die Wandlersysteme an einem möglichst großen Durchmesser untergebracht. Die Anbringung der Meßsysteme bei den Geräten UM 180 und UM 1200 ist aus den Abbildungen 22 und 24 erkennbar. Die beiden induktiven Spulen werden in einem Leichtmetallkörper so untergebracht, daß beide Hälften noch gegeneinander verschiebbar sind. Der Tauchanker wird über ein kleines Winkelstück aus Leichtmetall am Rotor befestigt. Bei allen Geräten werden zwei Wandlersysteme mit je einem Spulenpaar auf einen Durchmesser gegenüberliegend angeordnet. Daraus ergeben sich mehrere Vorteile.

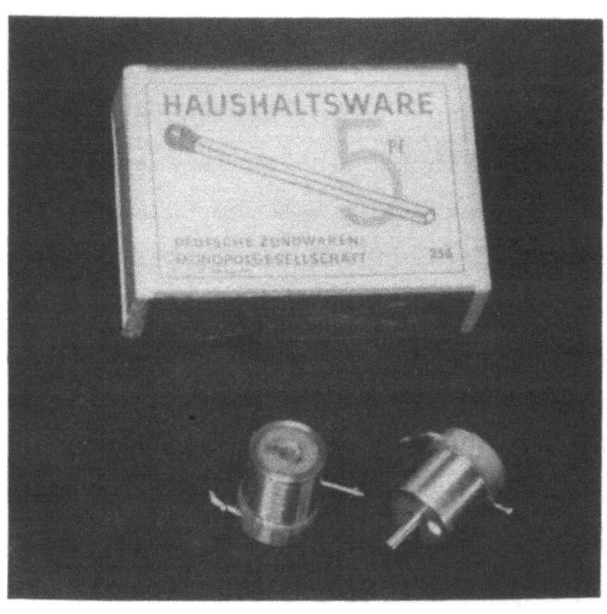

Abbildung 23
Induktive Meßsysteme

A b b i l d u n g 24

Anordnung der induktiven Meßsysteme am Gerät UM 1200

Die vier Spulenhälften können in einer Vollbrückenschaltung angeordnet werden. Dadurch tritt gegenüber der normalen Halbbrückenschaltung eine Verdopplung der Meßempfindlichkeit ein. Es ergibt sich weiterhin dadurch ein besserer Temperaturausgleich und somit eine höhere Temperaturkonstanz, und letztlich wird dadurch eine richtungselektive Anzeige bewirkt, d.h., daß elektrisch nur eine Drehbewegung des Rotors zur Verstimmung der Brücke und damit zu einem Brückensignal führt. Transversale Bewegungen der Drehmasse, die ohnehin durch die starre Lagerung durch die Kreuzfedergelenke nahezu unmöglich sind, bewirken in den vier Spulenhälften Induktivitätsänderungen, die sich gegenseitig aufheben. Diese richtungselektive Schaltung der Meßwertwandler ist in Abbildung 25 näher erläutert. Die vier Spulenhälften 1 bis 4 sind paarweise gegenüberliegend angeordnet. Beim Eindringen der Tauchanker in den Spulenkörper soll eine Induktivitätserhöhung stattfinden in der eingezeichneten Richtung. Vollführt der Rotor eine Drehbewegung im Uhrzeigersinn,

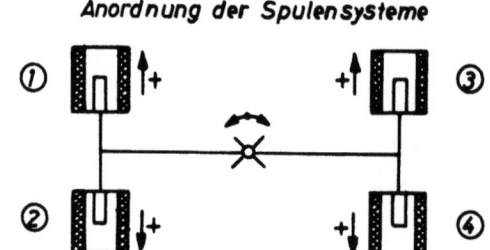
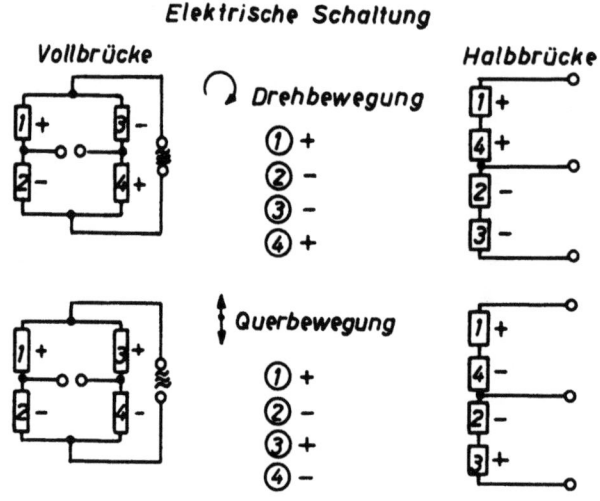

Abbildung 25
Richtungselektive Schaltung der Spulensysteme

so treten die Tauchanker in den Spulenhälften 1 und 4 tiefer ein und bewirken eine Induktivitätserhöhung, wohingegen bei den Spulenhälften 2 und 3 eine Induktivitätsverminderung auftritt. Die vier Spulenhälften sind in der Brückenanordnung sowohl für die Halbbrücke als auch für die Vollbrücke in Abbildung 25 dargestellt. Schaltet man in der Halbbrückenschaltung die Spulenhälften 1 und 4 und 2 und 3 jeweils zusammen, so erkennt man, daß sich diese Induktivitätsänderungen jeweils in einem Brückenzweig addieren. Bei der Vollbrückenschaltung sind die Spulenhälften so angeordnet, daß gegenüber der Halbbrückenschaltung eine Verdopplung des Brückensignals eintritt. Würde nun der Rotor eine Querbewegung in der eingezeichneten Richtung ausführen, so würden bei den Spulenhälften 1 und 3 eine Induktivitätserhöhung und bei den Spulenhälften 2 und 4 eine Induktivitätsverminderung eintreten. Bei gleicher Schaltungsanordnung der Spulenhälften werden sich diese Induktivitätsänderungen gegenseitig aufheben. Man sieht, daß bei der Halbbrückenschaltung in jedem Brückenzweig, also beispielsweise bei Spule 1 und 4 und 2 und 3, jeweils eine gleichgroße Induktivitätserhöhung und gleichzeitig -erniedrigung eintritt. Die gleiche Wirkung ist auch bei Vollbrückenschaltung vorhanden.

Die gesamte elektronische Einrichtung wird außerhalb des Meßgerätes aufgebaut und wird mit dem Meßgerät selbst durch ein Kabel verbunden (Abb. 26). Die Zuführung der trägerfrequenten Speisespannung zum Gerät

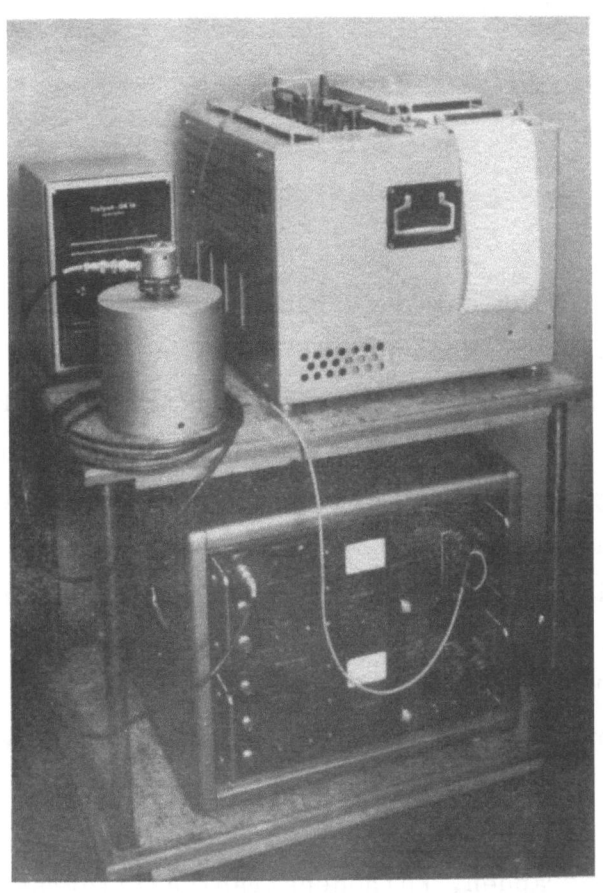

Abbildung 26
Gesamte elektronische Einrichtung

und die Ableitung des Meßwertes vom Gerät erfolgen über einen Schleifringkopf, der in Abbildung 27 dargestellt ist. Dieser Schleifringkopf verfügt über sechs Schleifringe, so daß zwei Schleifringe zur sicheren Kontaktübertragung parallelgeschaltet werden können. Störende Einflüsse durch die schleifende Kontaktübertragung konnten selbst bei stärkster Vergrößerung nicht festgestellt werden. Das Gerät UM 1200, das vorwiegend bei größeren Maschinen mit sehr langsam laufenden Planscheiben eingesetzt wird, kann in den meisten Fällen ohne Schleifringkopf betrieben werden. Der Schleifringkopf ist daher über eine mehrpolige Steckverbindung aufgesteckt und kann leicht entfernt werden, so daß in die

Abbildung 27
Schleifringkopf

gleiche Steckverbindung das Zuführungskabel eingeführt werden kann. Als Trägerfrequenzmeßbrücke können alle handelsüblichen Meßgeräte verwendet werden, wenn sie für die Messung mit induktiven Brückenhälften eingerichtet sind. Da die Frequenz der auftretenden Ungleichförmigkeiten sehr niedrig liegt, genügte bereits eine Trägerfrequenz von 50 Hz. Da jedoch die Empfindlichkeit der Meßgeräte mit höherer Trägerfrequenz steigt, wird in den meisten Fällen eine Trägerfrequenz von etwa 4 bis 8 kHz angewendet. Die Meßgeräte sind bereits mit den verschiedensten handelsüblichen Trägerfrequenz-Meßbrücken eingesetzt worden. Die wesentlichste Forderung an die Trägerfrequenz-Meßbrücke ist die nach hoher Meßwertverstärkung bei ausreichender Nullpunkt-Konstanz. Zur Sichtbarmachung oder Registrierung der Ungleichförmigkeit kann man Lichtstrahloszillographen, Kathodenstrahloszillographen oder direktschreibende Meßgeräte einsetzen. Die direktschreibenden Meßgeräte verdienen hier entschieden den Vorzug, da die Meßwertregistrierung sofort sichtbar ist und keiner weiteren Nachbehandlung bedarf. Solche Direktschreiber sind ebenfalls in verschiedenen Ausführungen handelsüblich. Es wird dabei zweckmäßig ein mehrspuriges Gerät verwendet, um mit zwei Ungleichförmigkeitsmessern auf dem Frästisch sowie auf der Frässpindel messen zu können und weiterhin, um die Registrierung der Relativmessung zu ermöglichen. Weitere Spuren werden benötigt, um Drehzahlmarken zu registrieren. Verschiedentlich hat es sich auch als zweckmäßig erwiesen, die Spannungsschwankungen am Antriebsmotor der Verzahnungsmaschine zu registrieren. Auf diese Weise ist es möglich, auf einem Oszillographenstreifen mehrere Einflüsse einander zuzuordnen und auf diese Weise die Ursachen für die auftretenden Ungleichförmigkeiten zu finden. Die Schreibbreite solcher Direktschreiber beträgt meist 20 bis 30 mm, wobei die Geräte bis 100 Hz einen linearen Frequenzgang aufweisen. Bei vielen Messungen hat sich die Schreibbreite als ausreichend erwiesen.

Zwischen Schreibgerät und Trägerfrequenzmeßbrücke läßt sich der Meßwert noch elektrisch beeinflussen, beispielsweise durch ein Filter, wodurch bestimmte Ungleichförmigkeiten je nach Frequenz unterdrückt oder bevorzugt werden können. Solche Filter haben sich als zweckmäßig erwiesen, wenn man höherfrequente Störungen unterdrücken will, wenn man die Schneckenfrequenz von den übrigen Ungleichförmigkeiten trennen möchte, oder wenn man gerade die Schneckenfrequenz unterdrücken will. Es wird meist ein sogenannter Tiefpaß eingesetzt, der die tiefen Frequenzen einschließlich der Gleichspannungs-Komponente passieren läßt, wohingegen er die höheren Frequenzen absperrt. Dieser Tiefpaß ist für vier verschiedene obere Grenzfrequenzen einstellbar. Der Tiefpaß besteht aus einer Zusammenschaltung von Drosseln, Kondensatoren und Widerständen und erfordert eine genaue eingangs- und ausgangsseitige Anpassung (Abb. 28). Auch im Durchlaßbereich des Tiefpasses tritt normalerweise eine geringe Spannungsteilung ein, die man als Grunddämpfung bezeichnet.

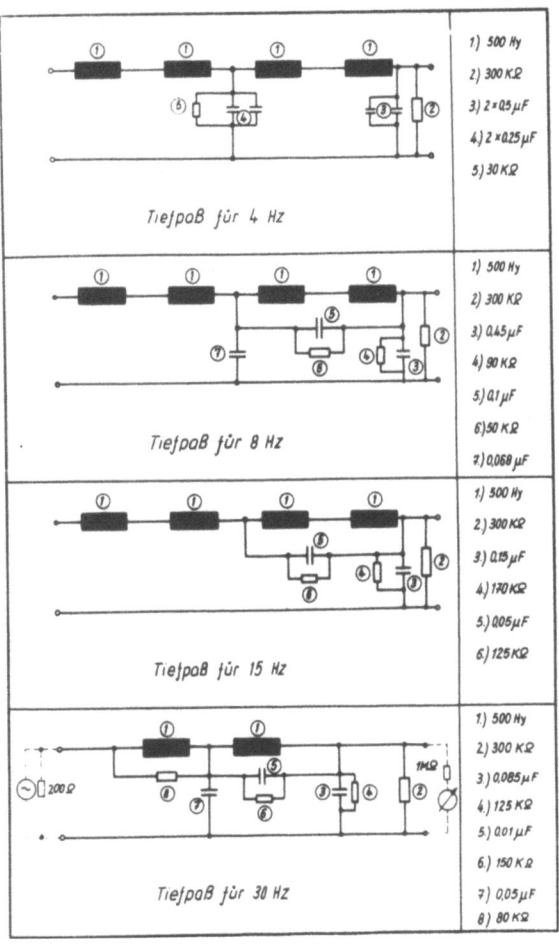

Abbildung 28
Schaltbild eines Tiefpasses

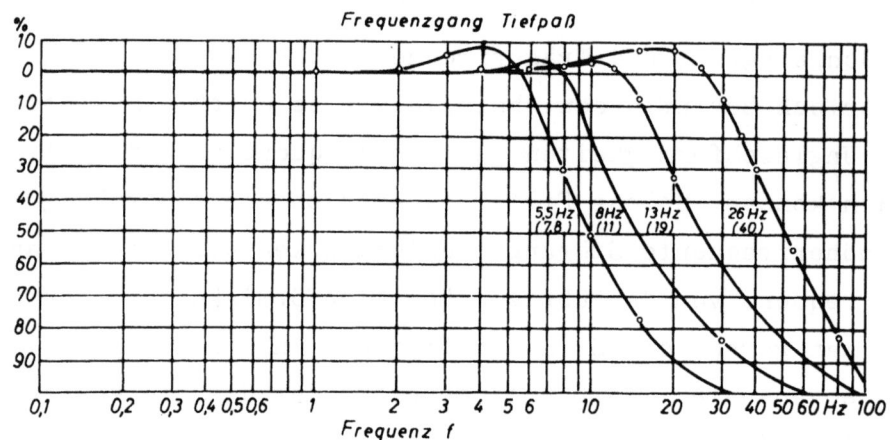

Abbildung 29
Frequenzgang des Tiefpasses

Die Abbildung 29 zeigt die Durchgangskurven des verwendeten Tiefpasses. Man sieht hier, daß vor dem steilen Abfall bei hohen Frequenzen eine geringfügige Anhebung von etwa 5 bis 8 % auftritt. Will man aus bestimmten Gründen die Gleichspannungs-Komponente und den tieffrequenten Anteil unterdrücken, dann trennt man den Tiefpaß und das Schreibgerät durch einen Kondensator. Die sich daraus ergebende Frequenz-Charakteristik ist in Abbildung 30 dargestellt. In dieser Kombination wird nur ein bestimmtes Frequenzband übertragen, wobei die Frequenzen etwa unter 1,5 Hz unterdrückt werden und bei der die obere Grenzfrequenz entsprechend den Einstellungen des Tiefpasses ebenfalls festgelegt werden kann.

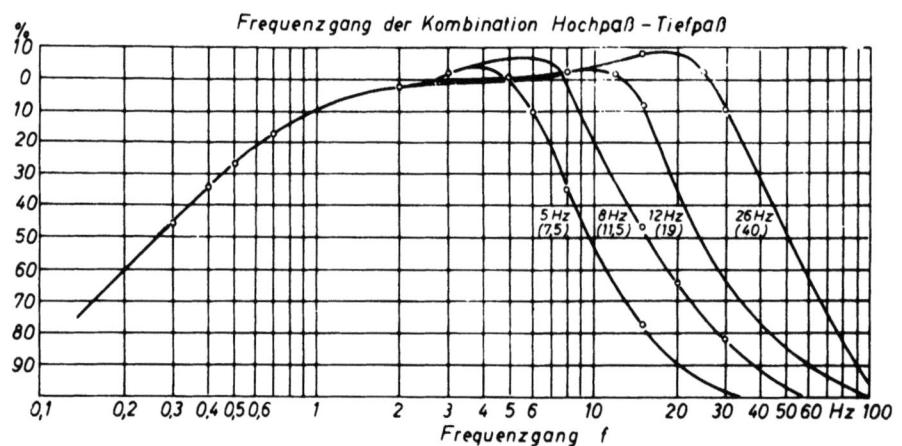

Abbildung 30
Frequenzgang der Kombination Hochpaß / Tiefpaß

Um die gemessenen Ungleichförmigkeiten bestimmten Getriebeelementen zuordnen zu können, ist die Aufzeichnung von Drehzahlmarken unerläßlich. In allen Fällen muß die Schneckendrehzahl registriert werden. Hierzu wird in den meisten Fällen ein Kontaktgeber, beispielsweise ein Mikroschalter benutzt, der von einem auf der Schneckenwelle befestigten Nocken betätigt wird. Ein solcher Schaltnocken läßt sich in einfacher Weise mit Hilfe von Plastilin auf die Schneckenwelle aufbringen. In der gleichen Weise kann auch auf dem Frästisch eine Umdrehungsmarke angebracht werden. Mit Hilfe von Impulsgeneratoren ist es möglich, sehr schnell verschiedene Wellen anzutasten und deren Drehzahl auf dem Aufschrieb zu registrieren (Abb. 31).

Abbildung 31
Drehzahlgeber

Bei Antrieben von Verzahnmaschinen über Gleichstrommotore hat die Aufzeichnung der Gleichspannungsschwankungen am Antriebsmotor wertvolle Schlüsse auf das Entstehen von Ungleichförmigkeiten zugelassen. Zu diesem Zweck wurde die am Anker anliegende Gleichspannung von 220 bis 440 V mit einer Anodenbatterie gleicher Spannung kompensiert, so daß zum Schreiber nur die Gleichspannungsschwankungen gelangten. Mit Hilfe eines kleinen Potentiometers ist es möglich, die Gegenspannung mit der Ankerspannung genau abzustimmen. Auf diese Weise können sehr geringe Gleichspannungsschwankungen von 0,1 V bei einer Ankerspannung von 440 V registriert werden. Die Anordnung zeigt schematisch die Abbildung 32. Die gesamte elektronische Einrichtung zeigt im Blockschaltbild die Abbildung 33.

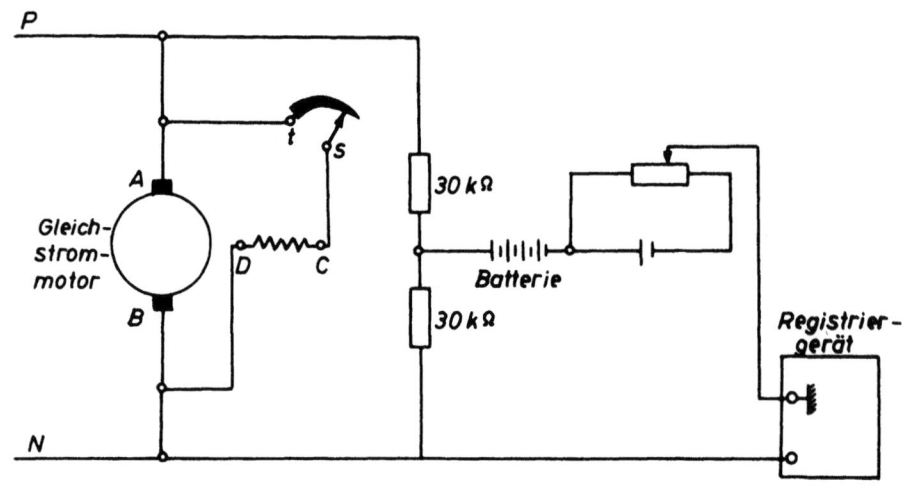

Abbildung 32

Meßeinrichtung zur Messung von Spannungsschwankungen
im Gleichstromnetz

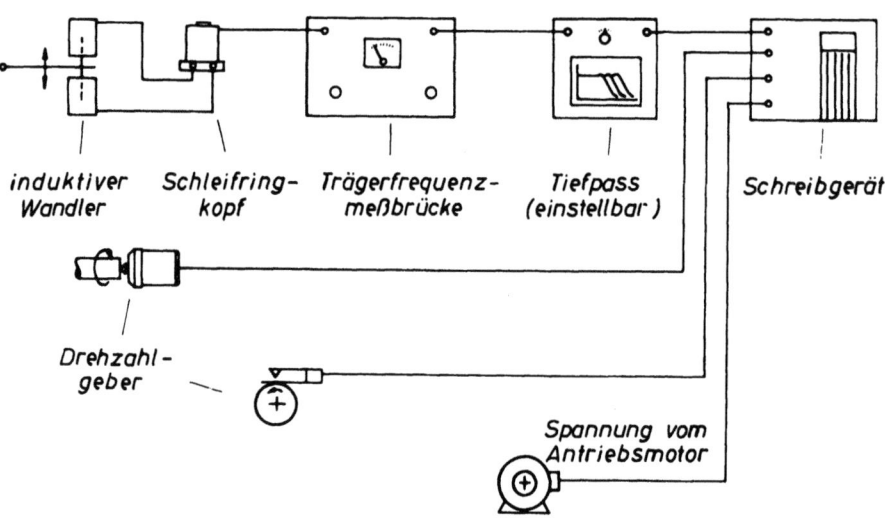

Abbildung 33

Blockschaltbild der elektronischen Einrichtung

6. Eichmöglichkeiten und Eicheinrichtungen

Da für die Umwandlung des Meßwertes in eine elektrische Größe das Trägerfrequenzverfahren benutzt wird, besteht die Möglichkeit, die gesamte Meßanordnung vom Ungleichförmigkeitsmesser bis zum Schreibgerät statisch zu eichen. Zu diesem Zweck muß die Drehmasse gegenüber dem Meßgerätegehäuse um einen bestimmten Winkelbetrag verdreht werden, und diese Verdrehung wird am Schreibgerät registriert. Die Eicheinrichtung für die statische Eichung, die am Ungleichförmigkeitsmesser anzubringen ist, besteht demnach aus zwei Teilen, nämlich aus einer Verstelleinrichtung, die es gestattet, den Rotor gegenüber dem Meßgerätegehäuse sehr feinfühlig, d.h. um Beträge von 1 µ am Umfang des Gerätes zu verstellen und 2. aus einer Meßuhr, die es ermöglicht, am Umfang des Gerätes die Verdrehung des Rotors zu messen. Die Abbildung 34 zeigt die Eicheinrichtung am Meßgerät UM 1200.

Abbildung 34
Eicheinrichtung am Gerät UM 1200

Als Meßuhr wird ein Johannson-Mikrokator verwendet mit einer Teilung von 1/2 µ, der sich insbesondere durch eine kleine Umkehrspanne auszeichnet. Die Verdrehung des Rotors wird über eine Differentialfeder vorgenommen. In der gleichen Weise erfolgt die Eichung des Gerätes UM 180, wie es die Abbildung 35 zeigt. Die statische Eichung erfolgt nun in der Weise, daß der Rotor jeweils um einen bestimmten Betrag verdreht wird und anschließend der Schreiber in Tätigkeit gesetzt wird. Auf diese Weise entsteht eine Eichkurve, wie sie die Abbildung 36 zeigt. Die Eicheinrichtung ist so aufgebaut, daß sie in wenigen Minuten betriebsbereit ist, so daß vor jeder oder nach jeder Messung eine Eichung vorgenommen werden kann. Mit dieser Eichung wird die gesamte Meßeinrichtung, d.h. Ungleichförmigkeitsmesser, Trägerfrequenzmeßverstärker und auch das Schreibgerät erfaßt. Wenn im Laufe der Zeit Veränderungen der Meßwertverstärkung vorkommen sollten, so liegen diese mit größter Wahrscheinlichkeit in der elektronischen Verstärkung, die sich in sehr

Abbildung 35
Eicheinrichtung am Gerät UM 180

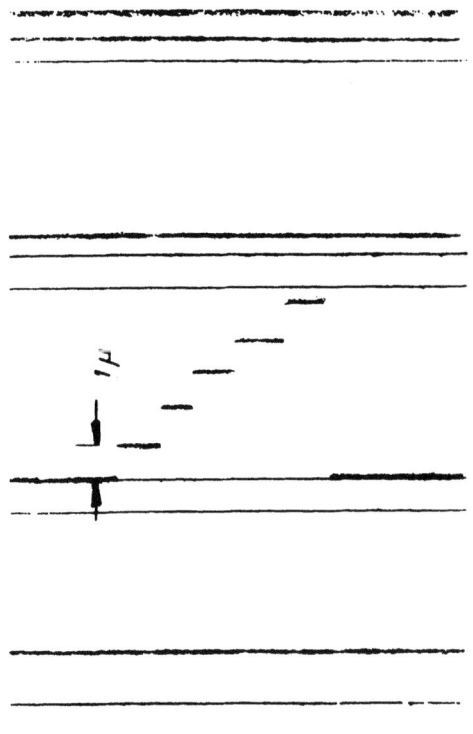

Abbildung 36
Eichschrieb

geringem Maße, beispielsweise durch Altern der Röhren, verändern kann.
Der mechanische Aufbau der Ungleichförmigkeitsmesser selbst hat keinerlei Einflüsse auf die Meßwertverstärkung. Auch eine Veränderung der induktiven Spulensysteme ist nahezu ausgeschlossen. Man kann daher in einfacher Weise die gesamte elektrische Einrichtung einschließlich des Schreibgerätes nun in der Weise eichen, daß man als Ersatz für die induktive Brücke, die sich im Ungleichförmigkeitsmesser befindet, eine Brücke aus ohmschen Widerständen einschaltet, die veränderlich sind (Abb. 37). Diese Widerstände sind in bestimmten Stufen einstellbar und bewirken eine Verstimmung der Meßbrücke, so daß am Schreiber eine Auslenkung zustandekommt. Bei einem einmaligen Vergleich mit der Eichung mittels Meßuhr kann man dann feststellen, welcher Verlagerung des Rotors diese Widerstandsänderung entspricht. Jede Widerstandsänderung in der Ersatzbrücke ist dann gleichwertig einer Verdrehung des Rotors um einen bestimmten Betrag. Dem Drehwiderstand kann man dann eine Skalierung geben, die die entsprechenden μ-Werte angibt. Auf diese Weise ist eine sehr schnelle Eichung der gesamten elektronischen Apparatur mit nur sehr kurzer Unterbrechung auch während der Messung möglich.

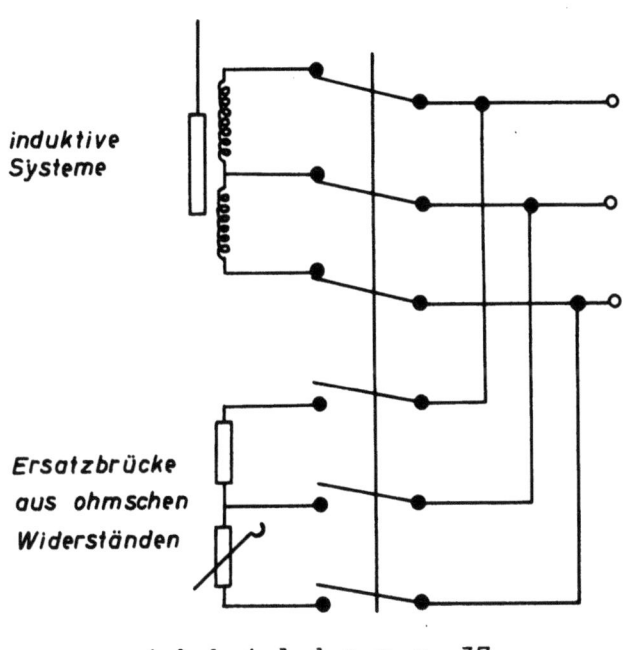

Abbildung 37
Einrichtung zur elektrischen Eichung

Neben der statischen Eichung muß überprüft werden, ob die Geräte bezüglich des Bewegungsverlaufes die theoretisch errechneten Werte erreichen. Die Eigenfrequenz läßt sich sehr leicht und sehr genau ermitteln wenn man die Dämpfungsmagnete entfernt und über längere Zeit die Schwingungsdauer durch Ausmessen mit der Stoppuhr ermittelt. Die Ermittlung des Frequenzganges erfolgt nun in der Weise, daß man einen Drehtisch in eine sinusförmige Bewegung versetzt, wobei die Möglichkeit besteht, die Frequenz zu verändern. Dabei interessiert vor allem der Verlauf in der Nähe der Eigenfrequenz des Meßgerätes. Um möglichst geringe Bewegungen zu erzeugen, wird der Drehtisch über eine Blattfeder und einen Exzenter in eine sinusförmige Drehbewegung versetzt. Diese Drehbewegung wird von einem induktiven Taster, der zudem noch mit einem Mikrokator geeicht werden kann, registriert. Diese Aufzeichnung der Absolutbewegung des Drehtisches erfolgt gleichzeitig mit der Meßwertanzeige des Ungleichförmigkeitsmessers (Abb. 38). Diese Messung wird bei verschieden eingestellter Frequenz durchgeführt, und man kann somit das Verhältnis Meßwertanzeige a zu Ungleichförmigkeit u bilden und dieses über der Meßfrequenz auftragen. Man erhält auf diese Weise den sogenannten Frequenzgang des Gerätes, der für die Geräte UM 1200 und UM 180 in den Abbildungen 39 und 40 dargestellt ist. Die gleiche Ermittlung wurde durchgeführt für das Gerät UM 180 unter Zwischenschaltung des Tiefpasses bzw. der Hoch-Tiefpaß-Kombination (Abb. 41).

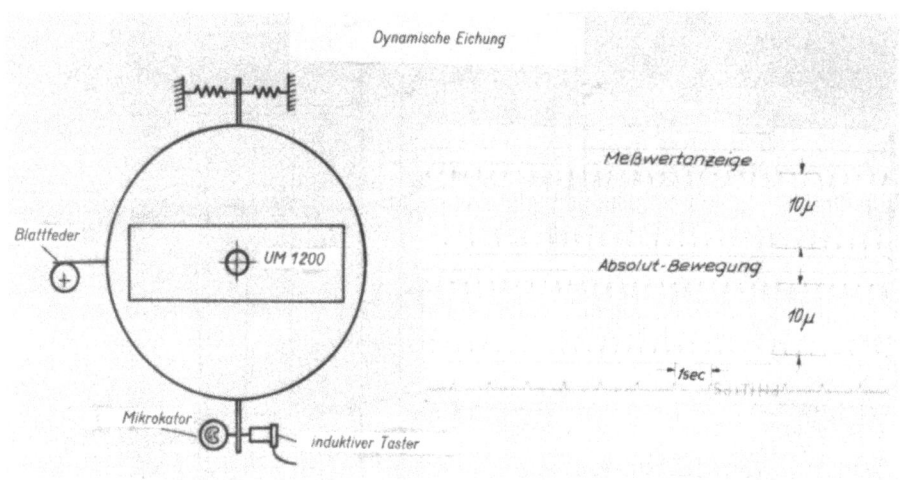

Abbildung 38
Dynamische Eicheinrichtung

Mit der gleichen Meßeinrichtung läßt sich auch die Empfindlichkeit des Ungleichförmigkeitsmessers ermitteln. Die Abbildung 42 zeigt ein Oszillogramm einer sinusförmigen Bewegung einschließlich der statischen Eichung. Dabei ist zu beachten, daß im Original die Papierbreite 100 mm beträgt. Es ist mit dem Gerät also ohne weiteres möglich, noch Winkelbewegungen von 0,1 Winkelsekunden entsprechend einer Aufzeichnung auf

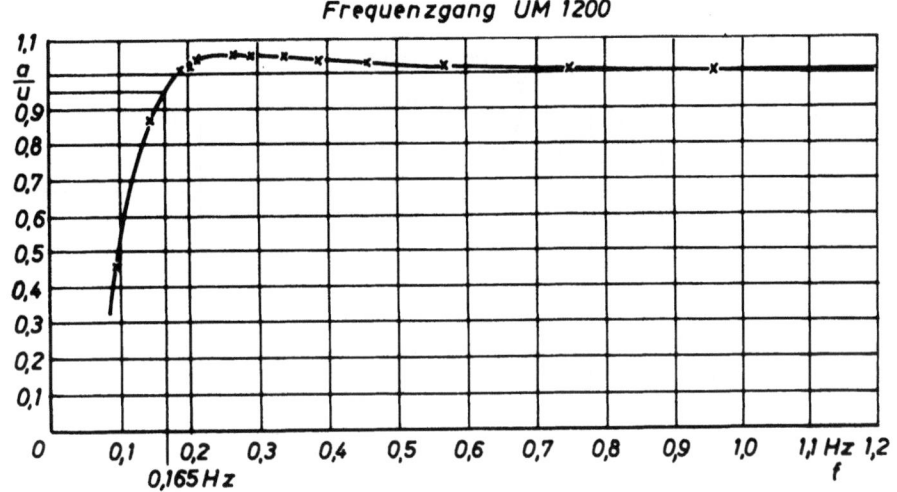

Abbildung 39
Frequenzgang UM 1200

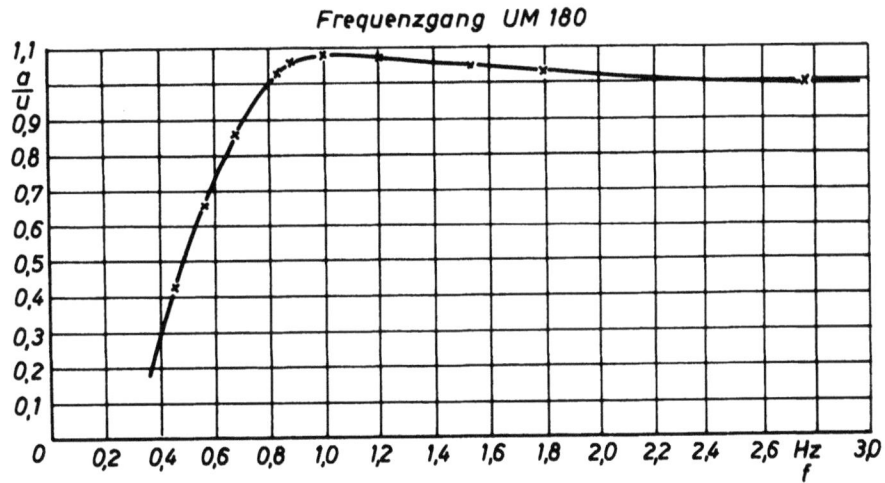

Abbildung 40
Frequenzgang UM 180

dem Oszillogramm von 1 cm zu registrieren. Dabei ist besonders zu bemerken, daß am Durchmesser einer Planscheibe von 4 m 0,1 Winkelsek. einer Wegamplitude von 1 μ entspricht.

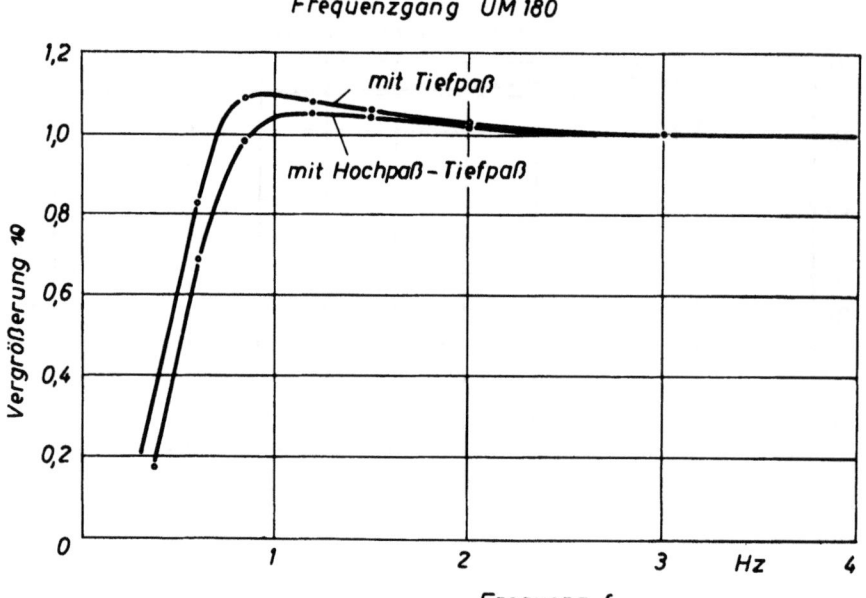

Abbildung 41

Frequenzgang UM 180 mit Tiefpaß

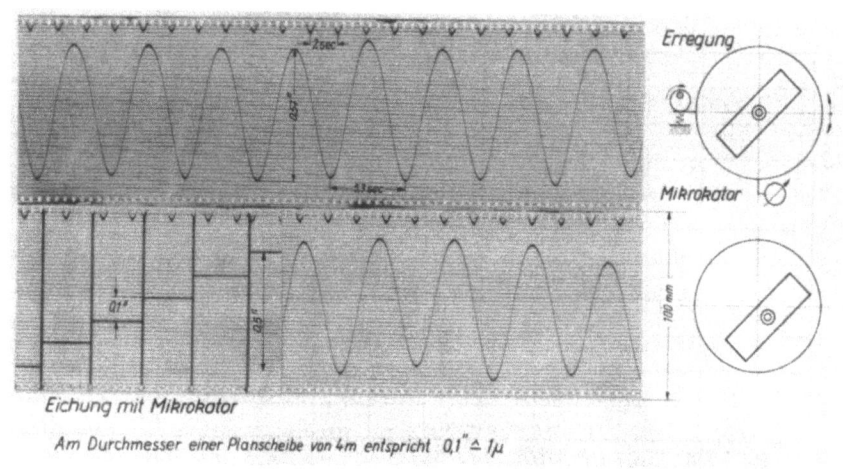

Abbildung 42

Empfindlichkeit des Ungleichförmigkeitsmessers

7. Eigenfehler und Empfindlichkeit

Als Ursache für Eigenfehler des Meßgerätes wären insbesondere zu nennen die Unwucht der Schwungmasse, die Hysterese durch Reibung in den Blattfedergelenken, der Einfluß magnetischer Streufelder, Nullpunktschwankungen infolge thermischer Einflüsse auf Meßgerät und elektronische Einrichtung.

Wenn der Schwerpunkt der Drehmasse nicht genau mit der Drehachse zusammenfällt, dann wird bei waagerechter Lage des Meßgerätes infolge der Schwerkraft auf den Rotor ein Moment ausgeübt, das diesen bei Umdrehung des Meßgerätes periodisch auslenkt. Bei Schräglage des Gerätes vermindert sich dieser Fehler mit dem Sinus des Neigungswinkels und wird schließlich bei senkrechter Anordnung der Drehachse Null. Die Geräte für die Messung des Frästisches werden ausschließlich so angeordnet, daß die Drehachse des Rotors senkrecht steht, d.h., daß der Auswuchtzustand des Gerätes nur einen geringen Einfluß besitzt. Trotzdem werden die Geräte sorgfältig ausgewuchtet. Dies geschieht in der Weise, daß die Meßgeräte auf einem drehbaren Teilkopf befestigt werden. Die Nullage des Rotors wird nun für verschiedene Stellungen innerhalb einer Umdrehung ausgemessen. Bei dem Gerät UM 1200, das nur für die Anordnung mit senkrechter Achse vorgesehen ist, erfolgt dieses Auswuchten bei schwach geneigter Drehachse. Durch Anordnung von Ausgleichgewichten am Rotor kann man den Schwerpunkt in die Drehachse verlegen. Die Abbildungen 43 und 44 zeigen die Anordnung der Meßgeräte UM 1200 und UM 180

Abbildung 43
Anordnung zur Auswuchtung des Gerätes UM 1200

zur Auswuchtung auf dem Teilkopf. Für das Gerät UM 180 ergibt sich bei senkrechter Anordnung der Drehachse noch ein Auswuchtfehler von ± 0,06 μ am Eichradius von 71 mm (Abb. 45). Das entspricht einem Winkelbetrag von ± 0,175"; bei Anordnung der Drehachse in horizontaler Richtung wird der Fehlereinfluß bedeutend größer und beträgt je etwa

Abbildung 44

Anordnung zur Auswuchtung des Gerätes UM 180

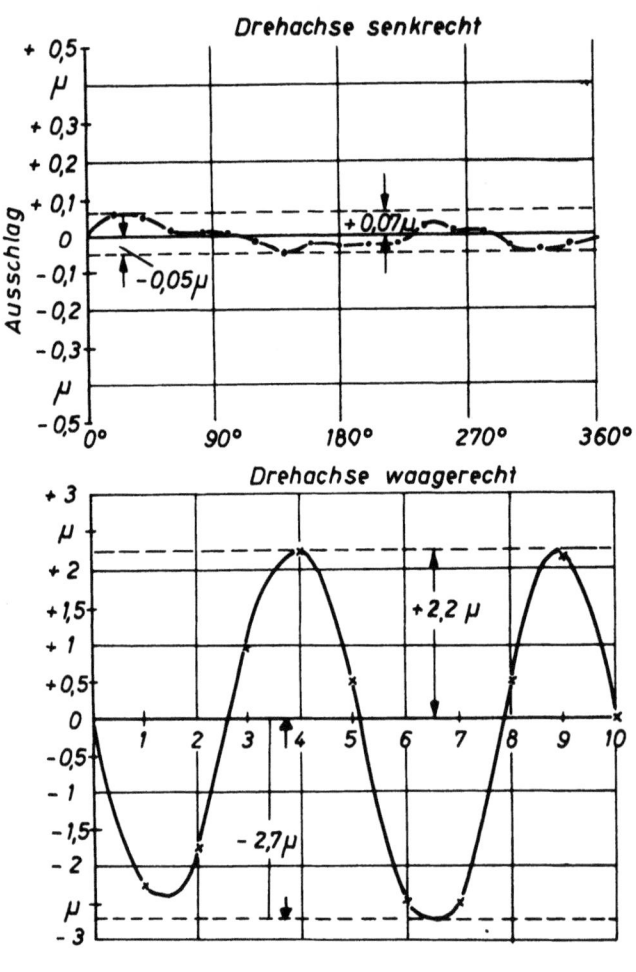

Abbildung 45

Auswuchtdiagramm UM 180

± 2,5 µ . Bemerkenswert ist dabei, daß pro Umdrehung zwei Fehlerperioden auftreten, die aus der unterschiedlichen Starrheit der Kreuzfedergelenke in den verschiedenen Richtungen herrühren. Wenn dieses Gerät bei waagerechter Anordnung an Frässpindeln zur Messung eingesetzt wird, so muß man bedenken, daß dieser Fehler von ± 2,5 µ bei einem Durchmesser von 140 mm, das entspricht in etwa dem üblichen Fräserdurchmesser, noch erheblich reduziert wird infolge der Fräsersteigung von etwa 1 : 15. Eine ungleichförmige Drehbewegung der Fräserwelle wirkt sich in tangentialer Richtung am Werkstück nur im Verhältnis 1 : 15 aus. Das bedeutet, daß der Fehler infolge der bestehenden Restunwucht etwa ± 0,2 µ, gemessen in tangentialer Richtung zum Werkstück, beträgt.

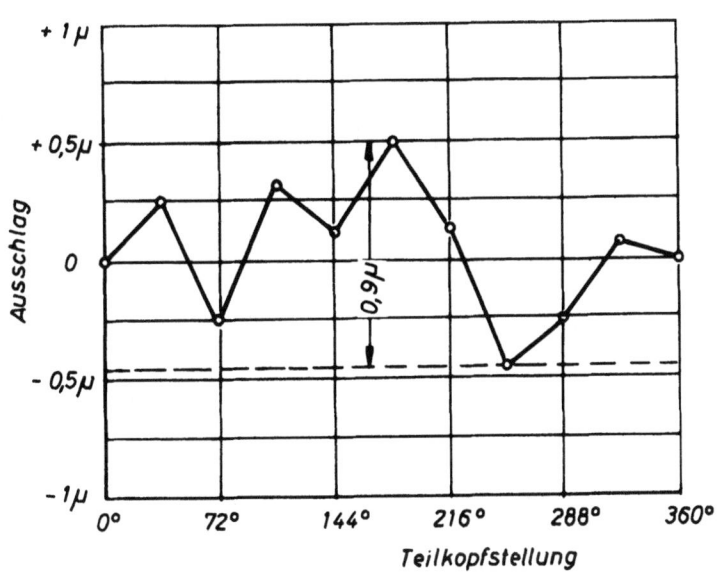

Abbildung 46
Auswuchtdiagramm UM 1200

Die Abbildung 46 zeigt die Auswuchtung des Gerätes UM 1200, wobei am Eichradius von 573 mm noch eine Fehlerbewegung von ± 0,45 µ auftritt, die einem Winkelbetrag von ± 0,16" entspricht. Es muß noch darauf hingewiesen werden, daß diese Fehlerbewegungen bei der Messung dynamischer Vorgänge, wie beispielsweise Fehlerbewegungen der Teilschnecke, nicht mit diesem Betrag eingehen. Die maximal erreichbare Anzeigeempfindlichkeit des Gerätes wird nicht unbedingt durch den Auswuchtzustand begrenzt. Die Bestimmung der Empfindlichkeit zeigte, daß das Gerät noch einwandfrei sinusförmige Bewegungen von etwa ± 0,3" anzeigte (Abb. 42).

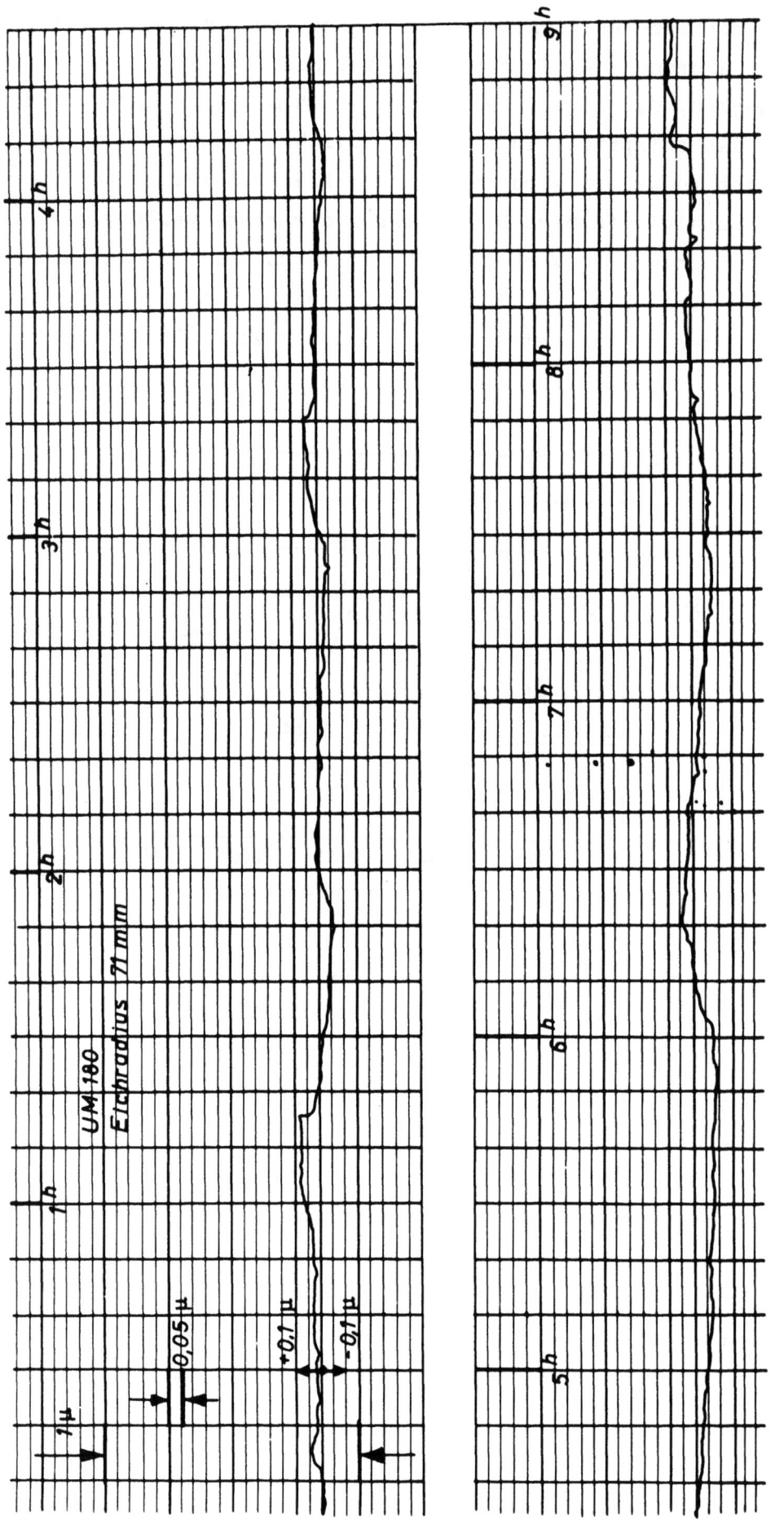

Abbildung 47

Nullpunktkonstanz des Gerätes UM 180

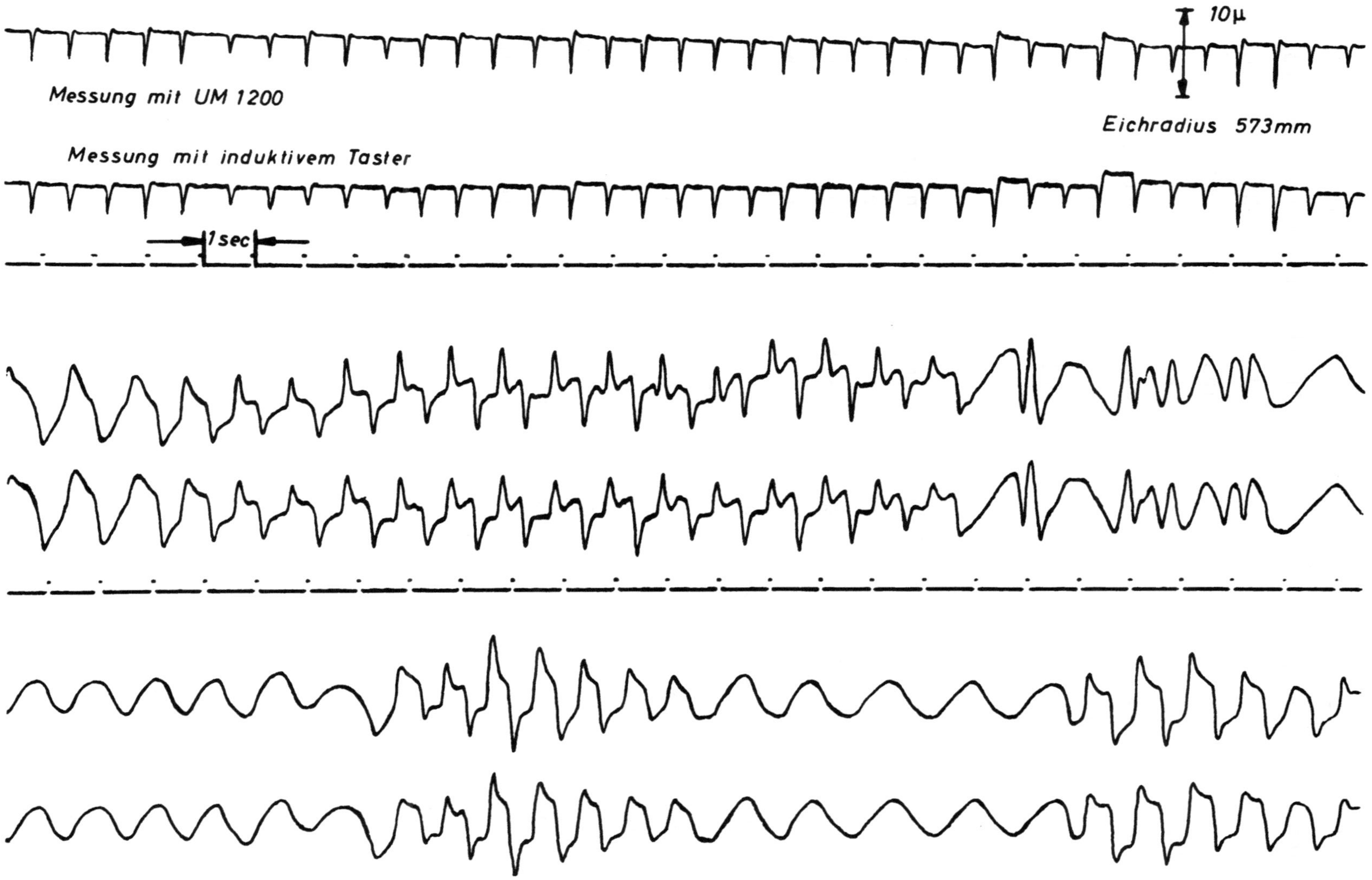

Messung mit UM 1200

Eichradius 573mm

10 μ

Messung mit induktivem Taster

1 sec

Abbildung 48

Meßwertanzeige bei impulsartigen Bewegungen mit UM 1200

Die Einflüsse magnetischer Störfelder sind durch die Anwendung nichtmagnetischer Materialien für den Bau der Meßgeräte so weit herabgesetzt, daß sie nicht mehr meßbar in Erscheinung treten.

Von wesentlicher Bedeutung ist die Nullpunktstabilität, die durch Temperatureinflüsse auf Meßgerät und elektronische Einrichtungen beeinflußt werden kann. Eine Langzeitmessung über 9 Stunden an einem Gerät vom Typ UM 180 zeigt die Aufzeichnung in Abbildung 47. Die Nullpunktschwankung innerhalb von neun Stunden beträgt dabei maximal $\pm 0,1\,\mu$. In den meisten Fällen ändert sich der Meßwert über 1 bis 2 Stunden jedoch nur um $\pm 0,05\,\mu$. Die gesamte Meßanordnung befand sich bei dieser Prüfung in einem klimatisierten Raum. Diese Prüfung entspricht dabei durchaus den praktischen Versuchsbedingungen, da Abwälzfräsmaschinen mit hoher Genauigkeit nur in klimatisierten Räumen betrieben werden können.

Für die praktische Anwendung der Meßgeräte interessiert nicht nur, wie das Meßsystem auf sinusförmige Bewegungen anspricht, sondern vielmehr wie Frequenzgemische bzw. impulsartige Bewegungen wiedergegeben werden. Zu diesem Zweck wurde auf der dynamischen Eicheinrichtung, wie sie in Abbildung 38 angedeutet ist, das Meßgerät UM 1200 geprüft. Die Abbildung 48 zeigt drei verschiedene Oszillogramme, wobei verschiedenartige Bewegungen gemessen werden. Die Bewegung des Eichtisches wird durch einen induktiven Taster gemessen. Auf den Aufschrieben sind gleichzeitig neben der Bewegung des Eichtisches die Meßwertanzeige des UM 1200 zusammen mit einer Zeitmarke registriert. Aus dem ersten Oszillogramm erkennt man, daß selbst impulsartige Bewegungen von dem Meßgerät einwandfrei wiedergegeben werden. Auch das zweite und dritte Oszillogramm zeigt, daß bei einem Frequenzgemisch, das sich zudem fortwährend in seiner Zusammensetzung verändert, eine einwandfreie Meßwertaufzeichnung erfolgt.

8. Anbringung der Meßgeräte

Ein besonderer Vorzug des Verfahrens liegt in der leichten Anbringungsmöglichkeit der Meßgeräte. Auf dem Frästisch genügt es, das Meßgerät lediglich aufzusetzen ohne jede Befestigung. Das Eigengewicht ist groß genug, um eine einwandfreie Bewegungsübertragung zu gewährleisten. An der Frässpindel muß lediglich ein Anschlußstück vorgesehen werden, an dem das Gerät angeschraubt wird.

Gegenüber den Meßgeräten, die mit Reibscheiben oder magnetischen Teilscheiben arbeiten, besteht weiterhin der Vorzug, daß die Meßgeräte auf dem Frästisch nicht ausgerichtet werden müssen. Dadurch entfällt das sehr zeitraubende und mühselige Ausrichten. Daß das Gerät nur Drehbewegungen anzeigt und auf translatorische Bewegungen nicht anspricht, erklärt sich aus der Tatsache, daß man einen Drehvektor beliebig parallel verschieben darf. Anschaulich wird dies in Abbildung 49. Das Meßgerät ist exzentrisch angeordnet, die Planscheibe vollführe eine Ungleichförmigkeit um den Winkelbetrag φ . Das Meßgerät wird auf der Planscheibe hin- und herbewegt, und zwar läßt sich diese Bewegung aus einer translatorischen Bewegung und einer Drehung zusammensetzen. Die translatorische Bewegung verursacht keine Meßwertanzeige, da das Gehäuse und

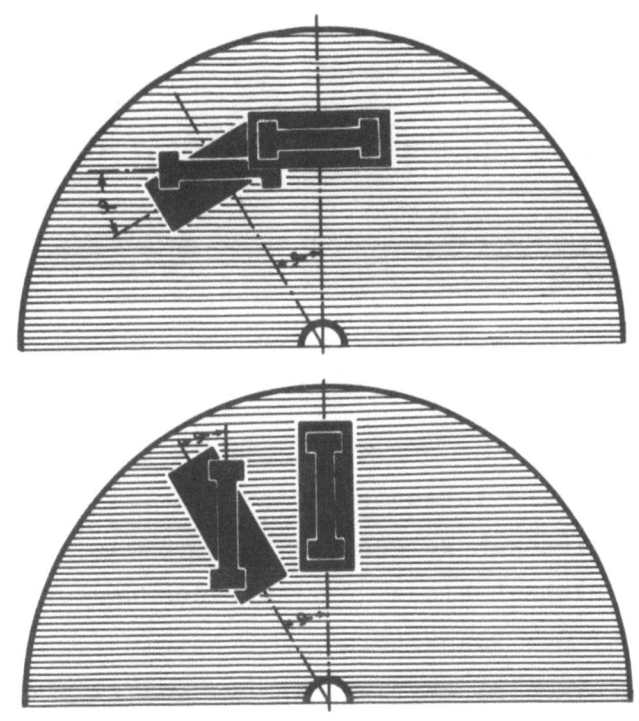

Abbildung 49
Einfluß der Exzentrizität auf die Meßwertanzeige

die Masse die gleiche Bewegung ausführen. Erst gegen die Verdrehung um den Winkel φ ist die Drehmasse anzeigeempfindlich. Der Winkel φ wird relativ zwischen Gehäuse und Masse angezeigt. Die Stellung des Meßgerätes ist dabei gleichgültig. Das Gerät kann ebenso, wie rechts in der Abbildung gezeigt, angeordnet sein.

Diese Eigenschaft des Meßverfahrens erleichtert die Durchführung der Messungen erheblich und steigert die Meßbereitschaft. Die Abbildung 50

A b b i l d u n g 50
Meßanordnungen mit UM 1200

zeigt vier verschiedene Versuchsanordnungen mit dem Gerät UM 1200. Die beiden linken Abbildungen zeigen das Meßgerät in zentrischer Anordnung, und zwar auf dem Flansch eines Getrieberades und in der unteren Abbildung direkt auf der Planscheibe. Die beiden rechten Abbildungen zeigen das Gerät in exzentrischer Anordnung, und zwar einmal auf einem Getrieberad für ein Schiffsgetriebe und zum anderen auf der Planscheibe neben dem Getrieberad.

II. Untersuchungen an Abwälzfräsmaschinen

1. Wälzbewegung und Ungleichförmigkeit im Tischantrieb

Mit den entwickelten Geräten wurde eine größere Zahl von Abwälzfräsmaschinen verschiedener Größe und verschiedenster Konstruktion ausgemessen. Die Messung beschränkt sich dabei zunächst auf die Ungleichförmigkeiten in der Tischbewegung. Genau genommen ergeben nur diejenigen Ungleichförmigkeiten einen Verzahnungsfehler, die relativ zwischen Frässpindel und Frästisch auftreten, d.h. Relativbewegungen zwischen erzeugender Zahnstange und zu erzeugendem Zahnprofil. Es ist jedoch zu beachten, daß Ungleichförmigkeiten der Fräserwelle im Verhältnis der Fräsersteigung reduziert werden, d.h. also in einem Verhältnis von etwa 1 : 15 bis 1 : 20. Man kann daher erwarten, daß die Ungleichförmigkeiten der Fräserwelle, die also um eine Größenordnung kleiner liegen als die des Tisches, für die Genauigkeit des erzeugten Zahnrades von geringerer Bedeutung sind. Die Relativmessung zwischen Fräserwelle und Frästisch soll jedoch bei weiterer Entwicklung der Meßgeräte noch vorgenommen werden; damit soll insbesondere die Frage versuchsmäßig geklärt werden, in welchem Umfange Antriebsschwankungen, die vom Antriebsmotor in die Abwälzfräsmaschine eingeleitet werden, für die Wälzbewegung von Bedeutung sind. Eine Relativmessung ist - wie bereits erwähnt - theoretisch möglich unter der Voraussetzung, daß zwei Meßsysteme verwendet werden, die gleiche Eigenfrequenz und gleiche Dämpfung besitzen. Daß die Fräserbewegung tatsächlich keinen sehr großen Einfluß hat, zeigt eine Vergleichsmessung mit dem seismischen Ungleichförmigkeitsmesser und dem Wälzschlupfmeßgerät von HÖFLER, das die Relativbewegung zwischen Fräserwelle und Tisch registriert. Das Ergebnis dieser Messung zeigt die Abbildung 51. Das obere Diagramm ist mit dem Ungleichförmigkeitsmesser aufgenommen. Dabei ergibt sich eine Fehlerbewegung, die periodisch ist mit der Schneckenumdrehung und die einen Betrag von 5,5 μ hat. Bemerkenswert ist auch, daß sehr scharfe Spitzen in diesem Diagramm auftreten, die auf einen fehlerhaften Zahn in einem Getriebeelement hindeuten. Die Relativmessung mit der Reibscheibenmethode ergibt ebenfalls einen Betrag von etwa 5 μ. Geringe Amplitudendifferenzen liegen innerhalb der Auswertegenauigkeit. Auch hier tritt vorwiegend eine Ungleichförmigkeit auf mit der Frequenz der Schneckenumdrehung. Das Gerät selbst besitzt nur einen einkanaligen Schreiber, so daß die Drehzahlmarke der Schneckenumdrehung nicht mit aufgezeichnet werden kann. Unten im Diagramm sind Umdrehungsmarken angegeben, die von

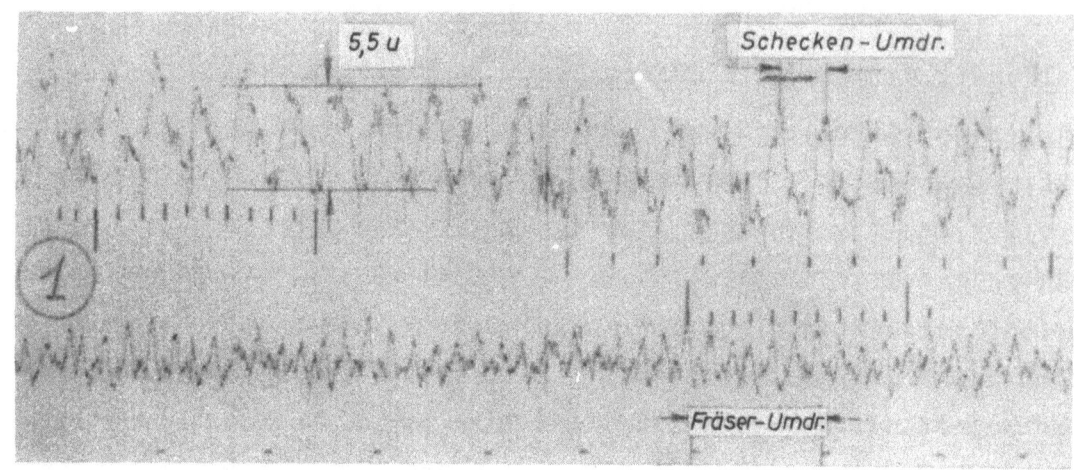

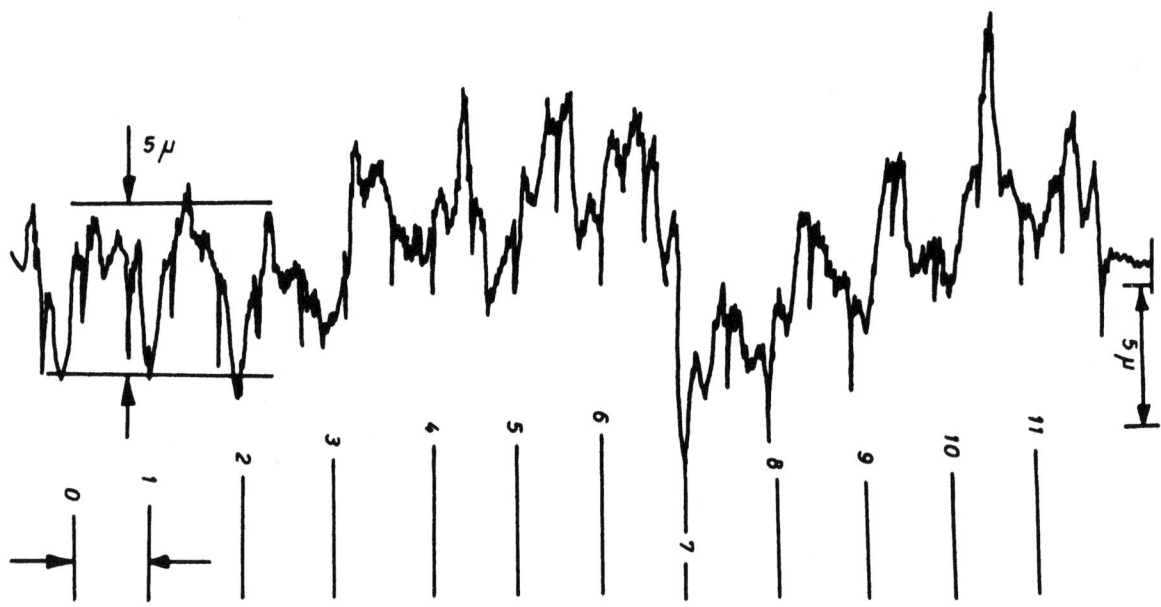

Abbildung 51a und b
Vergleich zwischen seismischem Verfahren
und Reibscheibenmethode

Hand eingezeichnet wurden. Die stärkere Schwankung der Nullinie in diesem Diagramm zeigt, daß das Reibscheibenverfahren auch den Summenfehler des Teilrades mit registriert, der beim seismischen Verfahren unterdrückt wird. Diese Messung, bei der einmal nur die Tischbewegung gemessen wird und im anderen Fall die Relativbewegung zwischen Fräser und Tisch, zeigt deutlich, daß den Ungleichförmigkeiten in der Tischbewegung die größere Bedeutung zukommt. In allen weiteren Untersuchungen ist daher stets nur die Tischbewegung gemessen worden.

2. Ungleichförmigkeiten durch Teilrad- und Teilschneckenfehler

Das Teilgetriebe, bestehend aus dem Teilschneckenrad, der Teilschnecke und dem auf der Schneckenwelle sitzenden Antriebsrad, wird - wie man zunächst vermuten kann - den größten Einfluß auf den gleichförmigen Lauf des Frästisches haben. Man hat daher im Verzahnmaschinenbau stets dem Teilgetriebe die größte Sorgfalt und Beachtung in der Fertigung gewidmet. Es ist auch seit längerer Zeit bekannt, daß die Ungenauigkeiten im Teilgetriebe einer Verzahnungsmaschine sich auf die Genauigkeit des erzeugten Zahnrades und auch auf das Geräuschverhalten nachteilig auswirken. Diese Erkenntnis wurde bereits von PARSONS im Jahre 1913 gewonnen bei der Untersuchung von Getrieben zum Antrieb von Schiffen. Von ihm stammt auch die Erfindung des creeping-Verfahrens. Beim sogenannten creeping-table ist das Schneckenrad nicht unmittelbar auf dem Frästisch befestigt, auf dem auch das Werkstück gespannt ist, sondern zwischen Werkstück und Teilschneckenrad befindet sich ein zweiter Tisch, so daß Teilschneckenrad und Werkstück zueinander über ein Differentialgetriebe in einer Schleichbewegung verdreht werden können. Auf diese Weise erreicht PARSONS, daß die Teilradfehler sich ungleichmäßig über das gesamte Zahnrad verteilen und auf diese Weise nicht periodisch wiederkehren. Die Erkenntnis, daß Teilradfehler Auswirkungen auf die Verzahngenauigkeit und das Getriebegeräusch haben, ist später auch von MELDAHL und ZINK bestätigt worden. Die Fertigungsgenauigkeit der Teilgetriebe hat man inzwischen jedoch in einem solchen Maße steigern können, daß man die noch verbleibenden Restfehler auch nicht mehr mit dem creeping-Verfahren beseitigen kann, da dieses Verfahren infolge des notwendigen Differentialgetriebes zweifellos zusätzliche Fehler bringt. Je genauer nun die Teilgetriebe selbst werden, um so mehr gewinnen die Fehler der nachfolgenden Getriebeelemente, insbesondere der Teilwechselräder, an Bedeutung. Daß die hinter dem Teilgetriebe liegenden Getriebeelemente einen Einfluß auf die Gleichförmigkeit der Tischbewegung haben können, ist bisher sehr wenig beachtet worden. Fast alle Messungen mit dem Ungleichförmigkeitsmesser zeigten jedoch, daß außer der Schneckenfrequenz weitere Ungleichförmigkeiten vorhanden sind, die vielfach im Teilwechselrädergetriebe oder sogar noch in dahinter liegenden Getriebeteilen zu suchen sind. Dabei übertragen sich meist die Summenfehler oder Exzentrizitäten dieser Getrieberäder, aber auch einzelne Zahnfehler lassen sich noch an der Planscheibe nachweisen. Die Abbildung 52 zeigt die Meßanordnung an einer mittelschweren Fräsmaschine mit etwa 2 m Planscheibendurchmesser und aufgespanntem Werkstück, wobei das Meßgerät

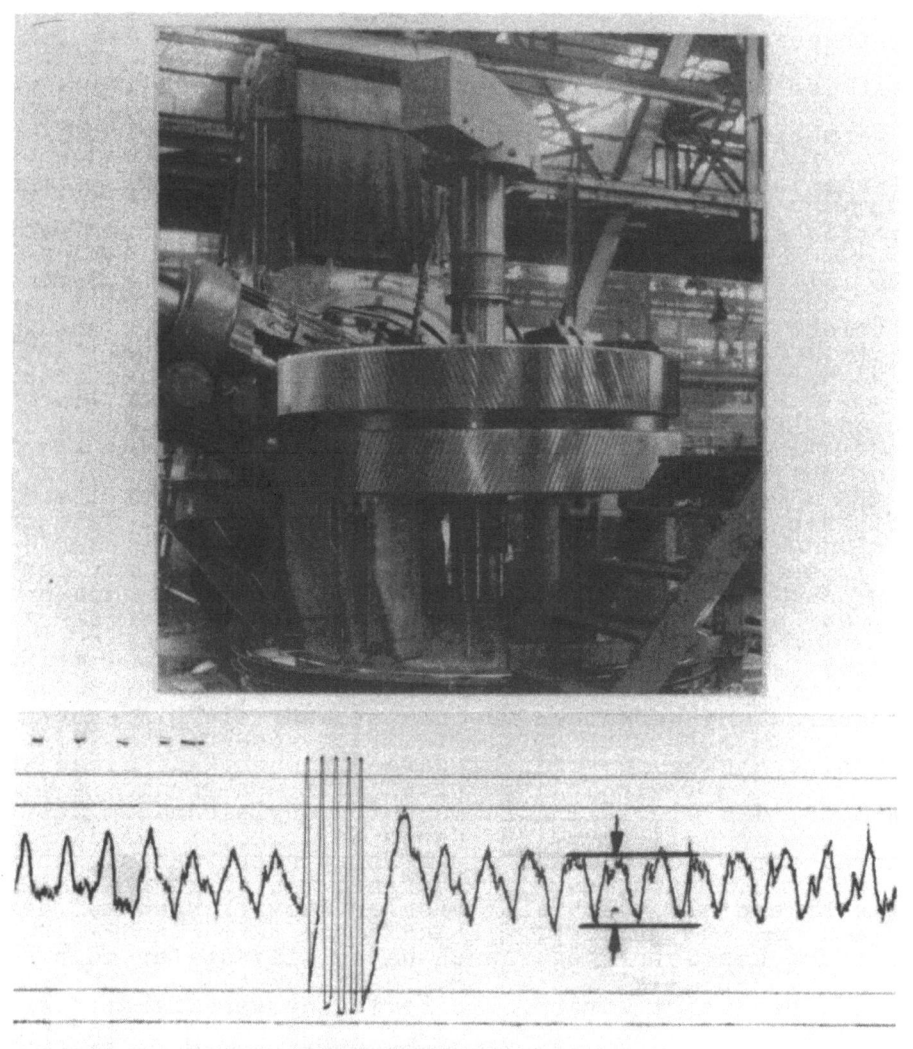

A b b i l d u n g 52
Beschleunigung eines Fräsmaschinentisches von Hand

UM 1200 auf dem Werkstück zentrisch angeordnet ist. Die Messung ergab, daß eine Ungleichförmigkeit mit der Schneckenfrequenz vorherrschend ist, wie aus dem Diagramm auch hervorgeht. Diese Messung wurde bei leerlaufender Maschine durchgeführt. Während des Laufes wurde der Frästisch einschließlich aufgespanntem Werkstück in der Drehrichtung zusätzlich von Hand beschleunigt, dadurch, daß man auf die in der Abbildung sichtbaren Aufspannböcke eine Kraft in tangentialer Richtung ausübte, die etwa 30 bis 50 kg betrug. Am Diagramm ist deutlich zu sehen, daß man mit einer solch geringen Kraft den Frästisch mit dem aufgespannten Werkstück beschleunigen kann. Die Größe des erzielten Ausschlages läßt sich aus dem Diagramm nicht mehr feststellen, da die Amplituden bereits so groß geworden sind, daß sie vom Schreiber nicht mehr in voller Größe registriert werden, sondern durch die eingebauten Anschläge begrenzt werden. Es ist also möglich, einen solch schweren Frästisch von Hand zusätzlich zu beschleunigen und damit das Teilschneckenrad von der Schneckenflanke abzuheben und innerhalb des Spieles voreilen zu lassen. Diese Tatsache wird erklärlicher, wenn man berücksichtigt, daß die auftretenden Massenkräfte verschwindend klein sind. Die Abbildung 53 zeigt schematisch eine Planscheibe von 4 m Durchmesser und einem Gewicht von 20 to, die reibungsfrei aufgehängt sein soll. Um diese Scheibe in eine hin- und hergehende Bewegung zu versetzen, mit einer Amplitude von ± 10 und einer Frequenz von 0,16 Hz, ist nur die reine Massenkraft zu überwinden. Die angegebenen Werte entsprechen dabei den praktisch auftretenden Werten an einer Großverzahnmaschine. Um diese Bewegung zu erzeugen, genügt eine Kraft von ± 10 g am Umfang der Scheibe. Es läßt sich die nachfolgende Beziehung leicht ableiten für die erzwungene Bewegung einer Kreisscheibe, wobei P die Beschleunigungskraft am Umfang der Scheibe darstellt, G das Gewicht der Scheibe, f die Frequenz und x die Amplitude der erzwungenen Bewegung, gemessen ebenfalls am Umfang der Scheibe. Es ergibt sich dafür

$$P = 0{,}02 \cdot G \cdot f^2 \cdot x$$

Auch wenn die in der Abbildung skizzierte Scheibe mit einer Ungleichförmigkeit von 1,6 Hz bewegt werden soll, ist nur eine Kraft von ± 1 kg nötig.

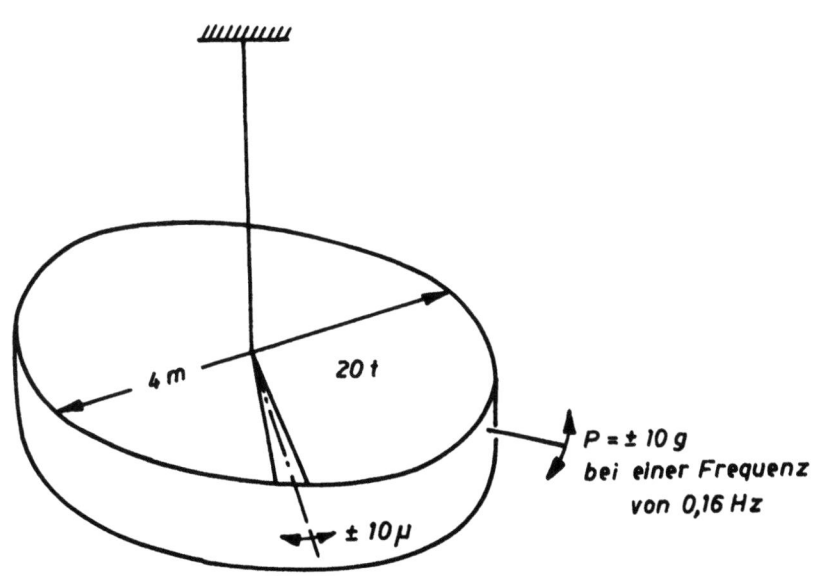

A b b i l d u n g 53
Massenkräfte an einer Planscheibe

3. Ungleichförmigkeiten durch Getriebeelemente im Tischantrieb

Aus diesen Gründen ist es möglich, daß sich beispielsweise Verzahnungsfehler an einem einzigen Getriebezahn von einem Teilwechselrad bis zur Planscheibe hin in der Ungleichförmigkeit auswirken können. Die Abbildung 54 zeigt die Messung an einer Verzahnmaschine mit 900 mm Tischdurchmesser. Die Messung zeigt, daß vorwiegend eine Ungleichförmigkeit mit der Schneckenfrequenz auftritt. Man erkennt aber darüber hinaus in dem Diagramm scharf ausgeprägte Spitzen. Fünf Schneckenumdrehungen entsprechen im Diagramm einer Strecke von 152 mm, wohingegen fünf Intervalle zwischen diesen Spitzen einer Strecke von 73 mm entsprechen. Daraus ergibt sich, daß dieser Fehler dem Teilwechselrad mit 24 Zähnen zuzuordnen ist, das in der Getriebeskizze in der Abbildung unten angedeutet ist. Dieses Rad wird nunmehr ausgebaut und auf einem Zweiflankenprüfgerät abgerollt. Das Zweiflankenbild-Diagramm läßt eindeutig den fehlerhaften Zahn erkennen, der auch mit bloßem Auge sichtbar war. Der Fehler wurde beseitigt und das Zahnrad erneut abgerollt.

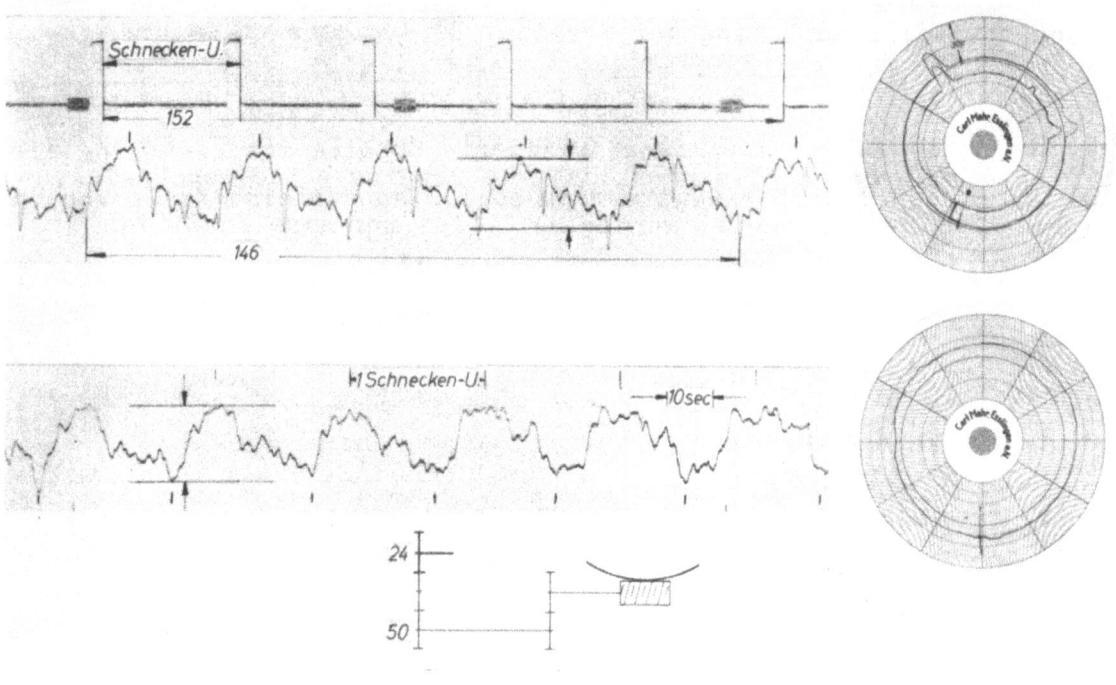

Abbildung 54
Ungleichförmigkeit durch fehlerhaftes Teilwechselrad

Das Abrolldiagramm zeigt, daß der Fehler beseitigt ist, und auch in der darauffolgenden Messung der Ungleichförmigkeit sind die scharf ausgeprägten Spitzen nunmehr verschwunden. Daß auch weiter zurückliegende Getriebeelemente sich an großen Verzahnmaschinen auswirken können, zeigt die Abbildung 55. Die Ungleichförmigkeitsmessung mit normaler

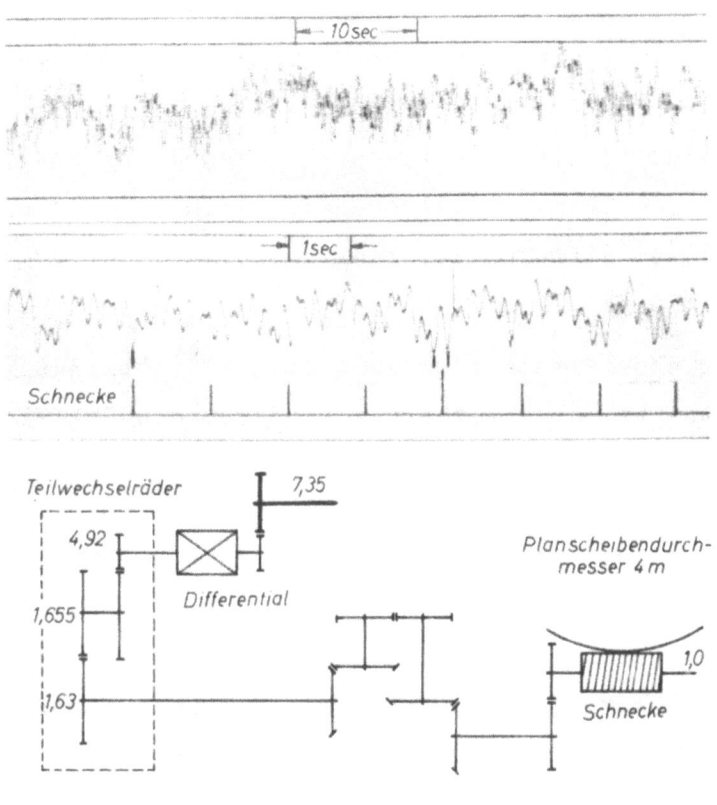

Abbildung 55
Ungleichförmigkeit in der Tischbewegung

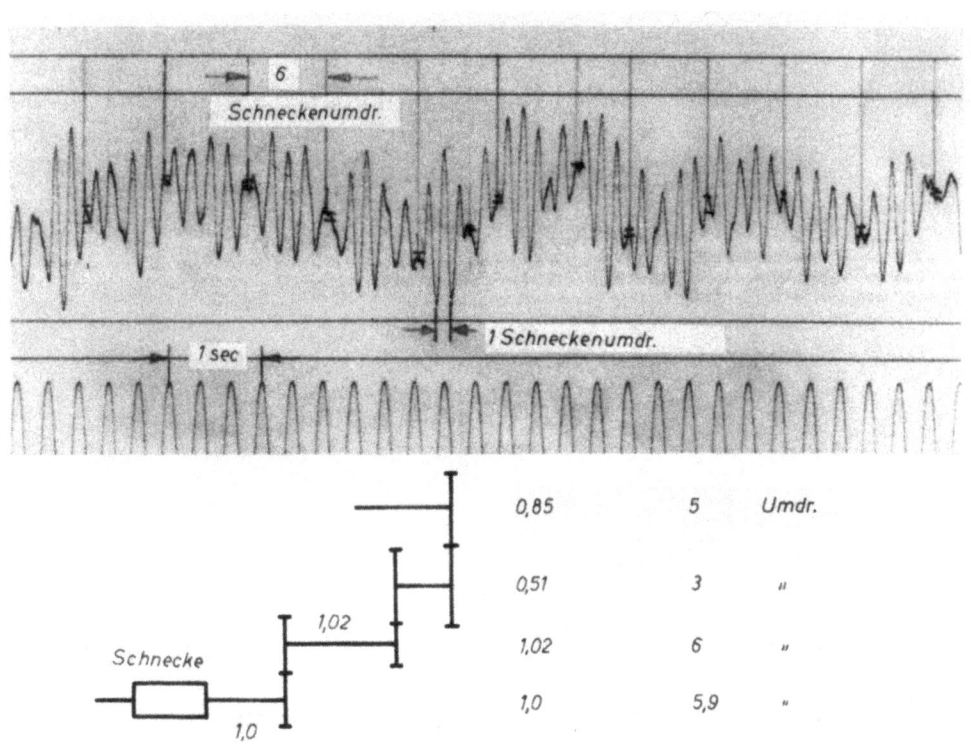

Abbildung 56
Ungleichförmigkeit in der Tischbewegung

Papiergeschwindigkeit zeigt, daß in der Tischbewegung eine höhere Frequenz feststellbar ist, die sich nach Erhöhung der Papiergeschwindigkeit des Schreibgerätes frequenzmäßig auszählen läßt. Dabei läßt sich dieser Fehler eindeutig einer Getriebewelle zuordnen, die 7,35mal schneller ist als die Schneckenwelle und die hinter dem Teilwechselrädergetriebe und dem Differential liegt.

In vielen Fällen tritt nicht ein einzelner Fehler auf, sondern die Fehler aller Getriebeelemente summieren sich. In Abbildung 56 ist ein Diagramm enthalten, bei dem vorwiegend wiederum die Ungleichförmigkeit mit der Schneckenfrequenz auftritt. Bemerkenswert ist dabei, daß etwa nach jeder 6. Schneckenumdrehung eine Einschnürung im Diagramm sichtbar wird. Das Getriebeschema läßt erkennen, daß nach 5,9 Umdrehungen der Schnecke die nachfolgenden Getriebeelemente jeweils eine ganze Zahl von Umdrehungen ausgeführt haben und somit jeweils in ihren Ausgangszustand zurückgekehrt sind. Nach jeweils 5,9 Schneckenumdrehungen sind die Fehler der drei hinter der Schnecke liegenden Getriebewellen also periodisch.

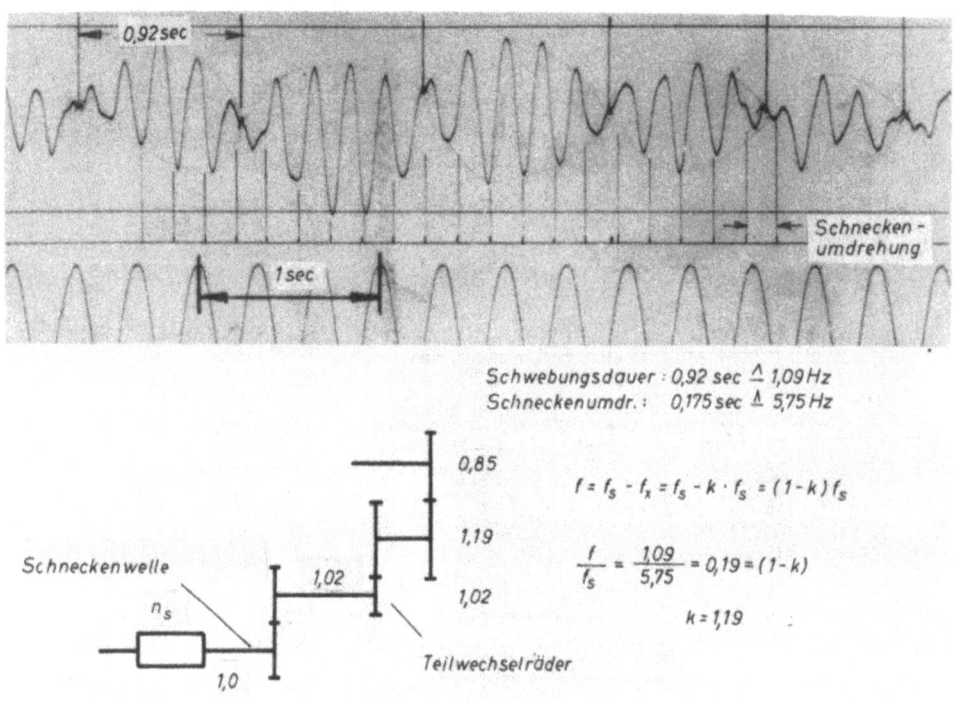

Abbildung 57
Ungleichförmigkeit in der Tischbewegung

Ein weiteres, sehr typisches Beispiel zeigt die Abbildung 57. Hier tritt wiederum die Schneckenfrequenz auf. Sehr bemerkenswert ist jedoch eine

auftretende Schwebung. Eine solche Schwebung tritt bekanntlich dann
auf, wenn zwei eng benachbarte Frequenzen sich addieren. Die auftretende Schwebungsfrequenz ergibt sich als Differenz zwischen den beiden
Teilfrequenzen f_1 und f_2. Eine dieser beiden Teilfrequenzen ist sicherlich die Teilschneckenfrequenz mit 5,75 Hz, die 2. Teilfrequenz läßt
sich durch Auszählen nicht ermitteln. Hingegen kann man die Schwebungsfrequenz aus dem Diagramm errechnen, die sich zu 1,09 Hz ergibt. Damit
läßt sich nun die 2. Teilfrequenz errechnen und man stellt fest, daß
diese Teilfrequenz den 1,19fachen Betrag der Schneckenfrequenz aufweist. Aus dem Getriebeschema ergibt sich nun, daß eine Welle im Teilwechselgetriebe mit der 1,19fachen Drehzahl der Schneckenwelle umläuft.
Auf diese Weise läßt sich die Ursache für die Ungleichförmigkeit also
eindeutig der Schneckenwelle und einer Welle im Teilwechselgetriebe
zuordnen.

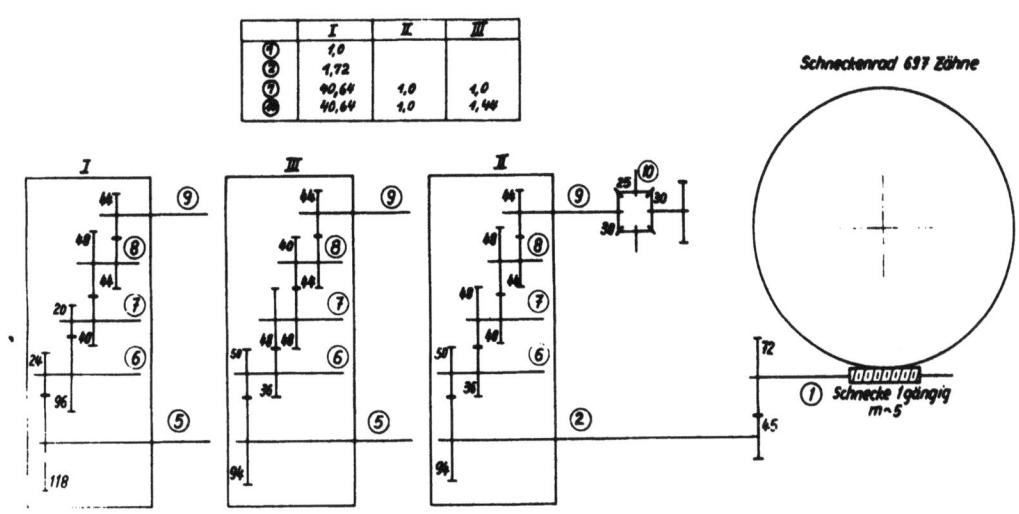

A b b i l d u n g 58
Getriebeplan

Nachfolgend soll nun die Messung an einer großen Verzahnungsmaschine
beschrieben werden, bei der die Fehler im Teilgetriebe nicht mehr feststellbar sind. Den Getriebeplan enthält die Abbildung 58 mit einigen
Vereinfachungen. In der Tabelle sind die Übersetzungen der fehlerhaften
Getriebeelemente gegenüber der Schneckenwelle angegeben. Das Oszillogramm in Abbildung 59 zeigt, daß die auftretende Ungleichförmigkeit
eine eindeutig ausgeprägte Frequenz aufweist, die jedoch nicht gleich
ist der Schneckenumdrehung, sondern vielmehr den Umdrehungen der Welle 7
bzw. der Welle 10 im Kegelraddifferential. Da die beiden Wellen 7 und 10

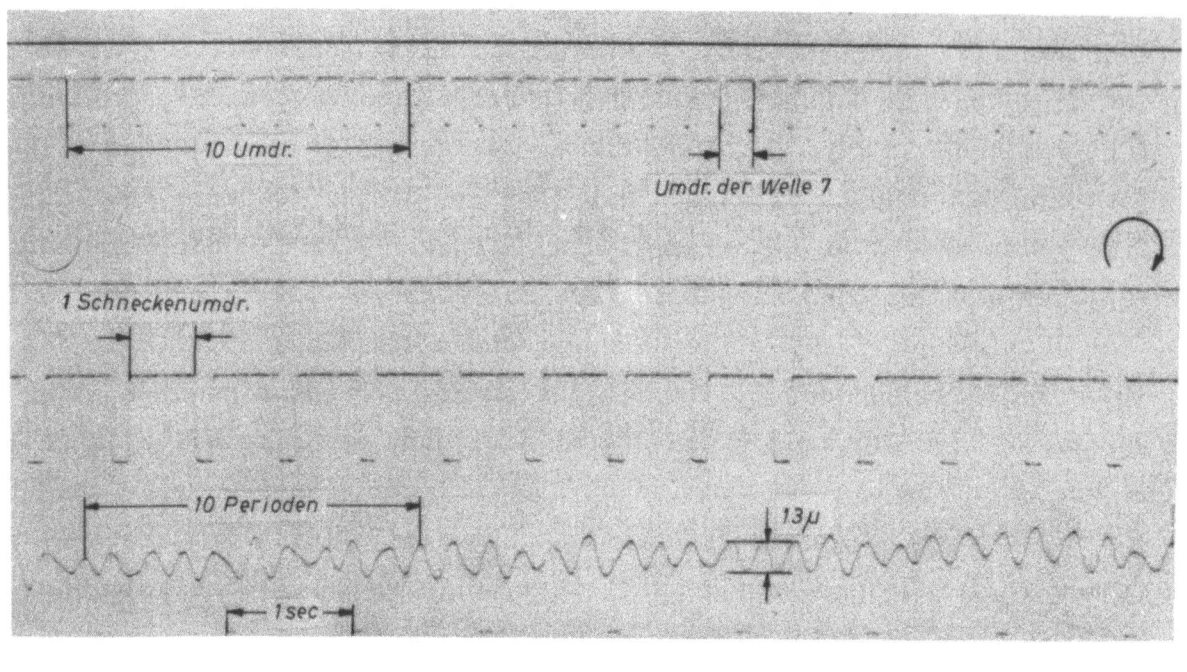

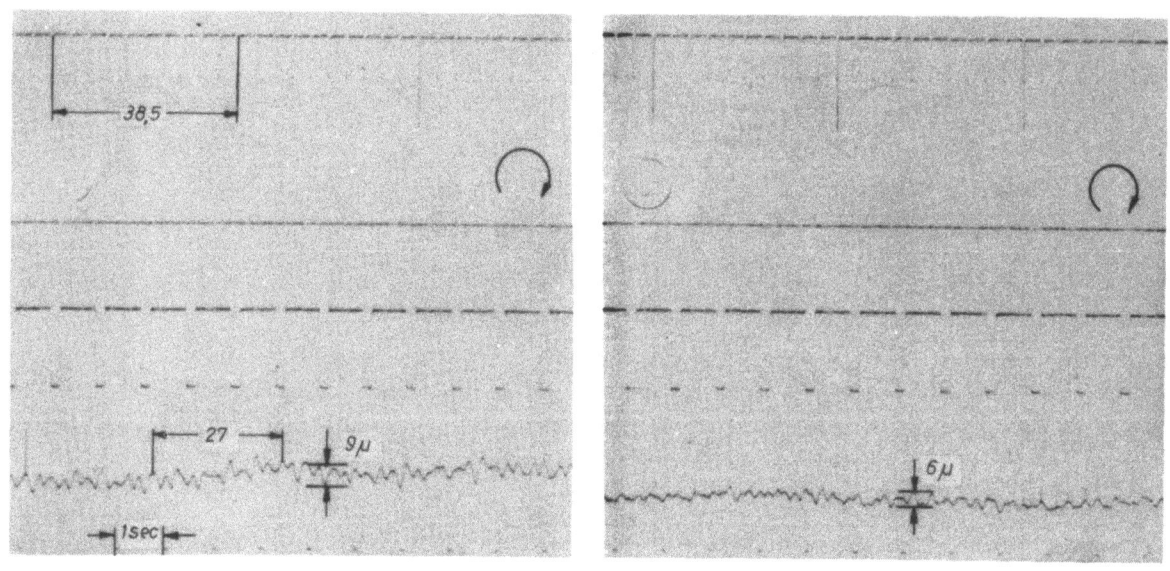

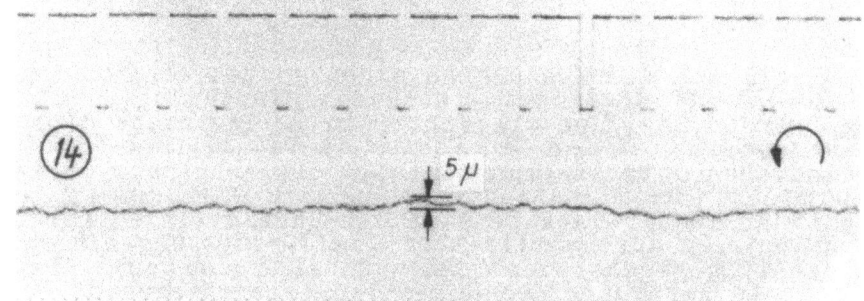

Abbildung 59a bis d
Ungleichförmigkeiten in der Tischbewegung

mit der gleichen Drehzahl umlaufen, kann man den Fehler noch nicht eindeutig einer Welle zuordnen. Aus diesem Grunde wird im Teilwechselrädergetriebe eine Veränderung vorgenommen, so daß die Welle 10 gegenüber der Welle 7 schneller läuft, und zwar um das 1,44fache. Das zweite Diagramm zeigt auch, daß der Betrag sich von 13 auf 9 μ vermindert und die Frequenz um das 1,44fache angestiegen ist. Das läßt die Vermutung zu, daß der Fehler vorwiegend im Kegelrad des Differentials zu suchen ist. Die Zusatzbewegung zur Erzeugung des Zahnschrägungswinkels wird nunmehr ausgeschaltet, so daß die Trabantenräder dieses Kegelraddifferentials nicht mehr um ihre eigene Achse rotieren, sondern das Differential nunmehr nur noch als Zahnkupplung wirkt. Auf diese Weise wird der Fehler der Welle 10 ausgeschaltet, und das Diagramm der Abbildung zeigt tatsächlich eine weitere Fehlerverminderung von 9 auf 6 μ. Auch bei diesem geringen Fehler wird noch keine Ungleichförmigkeit mit der Schneckenfrequenz erkennbar. Um die Fehler der Wellen 7 und 10 gänzlich zu unterdrücken, wird im Teilwechselrädergetriebe eine möglichst große Übersetzung aufgesteckt. Die gemessene Ungleichförmigkeit zeigt keine Periodizität mit der Schneckendrehzahl, wie das Oszillogramm der Abbildung unten erkennen läßt.

Es ist bereits erwähnt worden, daß nicht nur das Teilschneckenrad und die Schnecke eine Ungleichförmigkeit mit der Schneckenfrequenz erzeugen können, sondern auch das Getrieberad, das auf der Schneckenwelle befestigt ist. In vielen Fällen sieht man hinter der Schnecke eine Zahnradübersetzung von 1 : 1 vor. Bei einer älteren Maschine ist die Möglichkeit gegeben, unmittelbar hinter der Schnecke in einem Vorgelege die Übersetzung 1 : 1 oder 1 : 2 einzustellen. Es besteht bei dieser Einrichtung die Möglichkeit, die Räder auf Lücke zu stellen und gegeneinander zu versetzen. Auf diese Weise ist es möglich, daß die beiden Vorgelegeräder des Vorgeleges 1 : 1 in verschiedene Winkelstellungen zueinander gebracht werden können (Abb. 60). Es werden nun Ungleichförmigkeitsmessungen in beiden Drehrichtungen der Planscheibe durchgeführt. Bei Drehung der Planscheibe im Uhrzeigersinn beträgt die Ungleichförmigkeit 6,5 μ und in entgegengesetzter Drehrichtung 4,5 μ. Nun versetzt man die beiden Vorgelegeräder gegeneinander und wiederholt die Ungleichförmigkeitsmessung. Bei Drehungen der Zahnscheibe im Uhrzeigersinn ist die Ungleichförmigkeit von 6,5 μ auf 4,0 μ reduziert worden, wohingegen sie sich in der entgegengesetzten Drehrichtung von 4,5 μ auf 10 μ erhöht hat. Diese Erscheinung resultiert daraus, daß die beiden Vorgelegeräder selbst fehlerbehaftet sind und daß sich diese Fehler,

je nach Stellung der Räder zueinander, addieren bzw. subtrahieren. Bei
einer solchen Konstruktion, bei der es dem Bedienungsmann möglich ist,
den Getriebestrang an einer so wesentlichen Stelle zu unterbrechen,
bleibt es dem Zufall überlassen, mit welcher Genauigkeit - in bestimmten Grenzen - das Zahnrad gefertigt wird. Man sollte daher unter allen

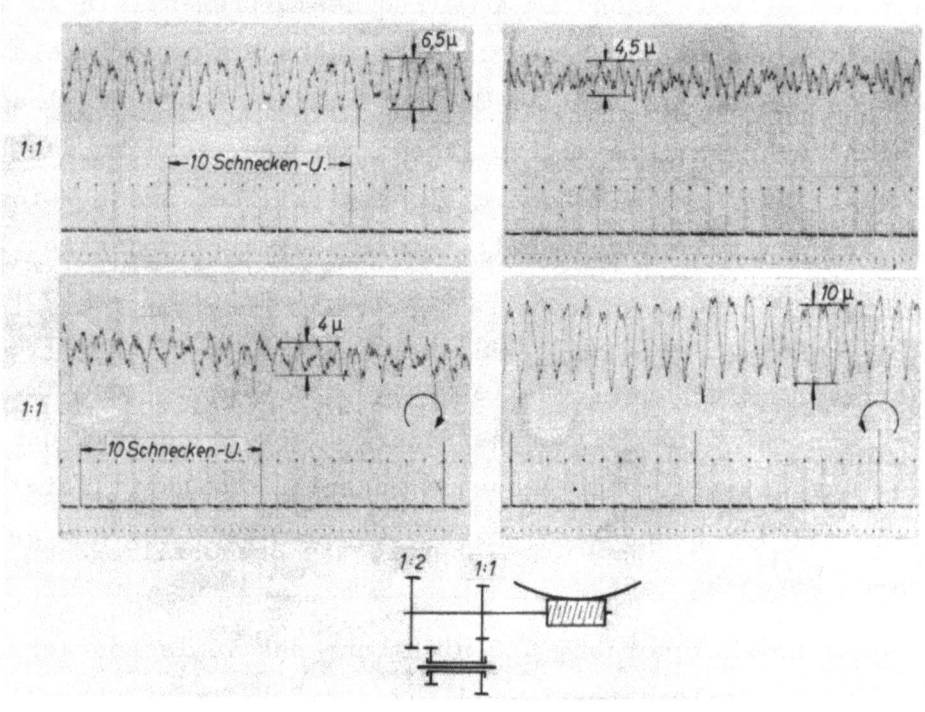

A b b i l d u n g 60
Ungleichförmigkeit durch fehlerhaftes Vorgelege

Umständen vermeiden, daß der Getriebestrang an dieser Stelle geöffnet
werden kann, wenn nicht eine Vorrichtung dafür sorgt, daß die Räder
stets wieder in der gleichen Stellung zueinander in Eingriff gebracht
werden. Dieser Versuch zeigt, daß man mit einer Getriebeübersetzung
1 : 1 hinter der Schnecke die Möglichkeit hat, den Fehler zu beeinflussen. Hat man solche Räder in der Montage mit verschiedenen Fehlern
zur Verfügung, so kann man auf diese Weise den Schneckenfehler in bestimmten Grenzen korrigieren. Voraussetzung dafür ist, daß jeweils nach
Einbau der Räder eine Messung vorgenommen werden kann.

4. Antrieb über zwei Schnecken

Bei größeren Verzahnungsmaschinen werden zum Antrieb der Planscheibe
über Schneckenrad zwei Schnecken in Eingriff gebracht an zwei gegenüber-
liegenden Stellen am Umfang. Wenn durch den Doppelschneckenantrieb eine

Fehlerverminderung erzielt werden soll, so ist die erste und wesentlichste Voraussetzung, daß das Teilschneckenrad selbst einen sehr geringen Summenteilungsfehler aufweist. Es wurden bisher nur an zwei Maschinen Messungen mit Doppelschneckenantrieb durchgeführt, wobei während des Versuches jeweils eine Schnecke außer Eingriff gebracht wurde. Eine eindeutige Aussage über die Zweckmäßigkeit des Doppelschneckenantriebes läßt sich erst dann treffen, wenn eine größere Zahl von Maschinen untersucht worden ist.

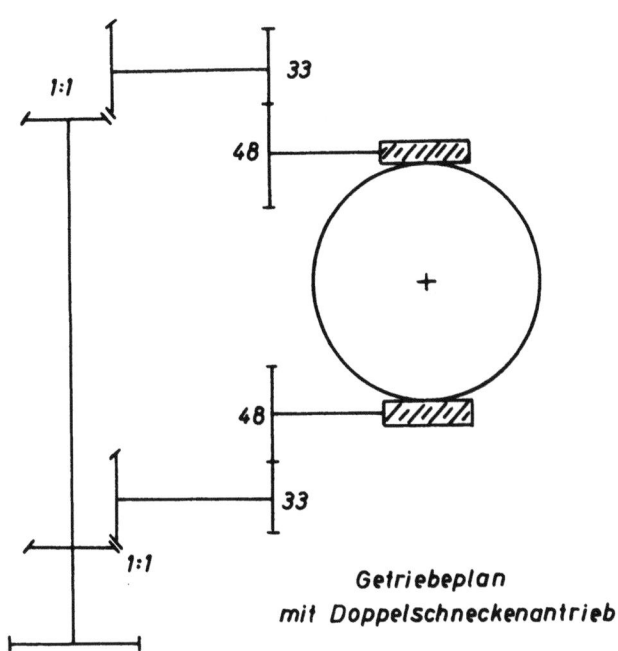

A b b i l d u n g 61
Getriebeanordnung mit Doppelschnecke

An einer älteren Maschine, deren Getriebeplan die Abbildung 61 zeigt, stellt man fest, daß die Ungleichförmigkeit über eine Tischumdrehung in ihrer Größe im Verhältnis etwa 1 : 2 schwankt. Über einen bestimmten Drehwinkel der Planscheibe ist die Ungleichförmigkeit besonders groß, wie aus dem Diagramm in Abbildung 62 ersichtlich. Hierbei tritt eine Ungleichförmigkeit auf mit einer Frequenz, die der Schneckenumdrehung entspricht, wobei noch bemerkenswert ist, daß bei jeder 11. Schneckenumdrehung der gleiche zeitliche Verlauf der Ungleichförmigkeit auftritt, wie auch im Oszillogramm angedeutet. Der Getriebeplan läßt erkennen, daß das Vorgelege mit 48 zu 33 Zähnen jeweils nach 11 Schneckenumdrehungen wieder in seine Ausgangsposition zurückgekehrt ist. Eine der beiden Schnecken wird sodann außer Eingriff gebracht und der Versuch wird

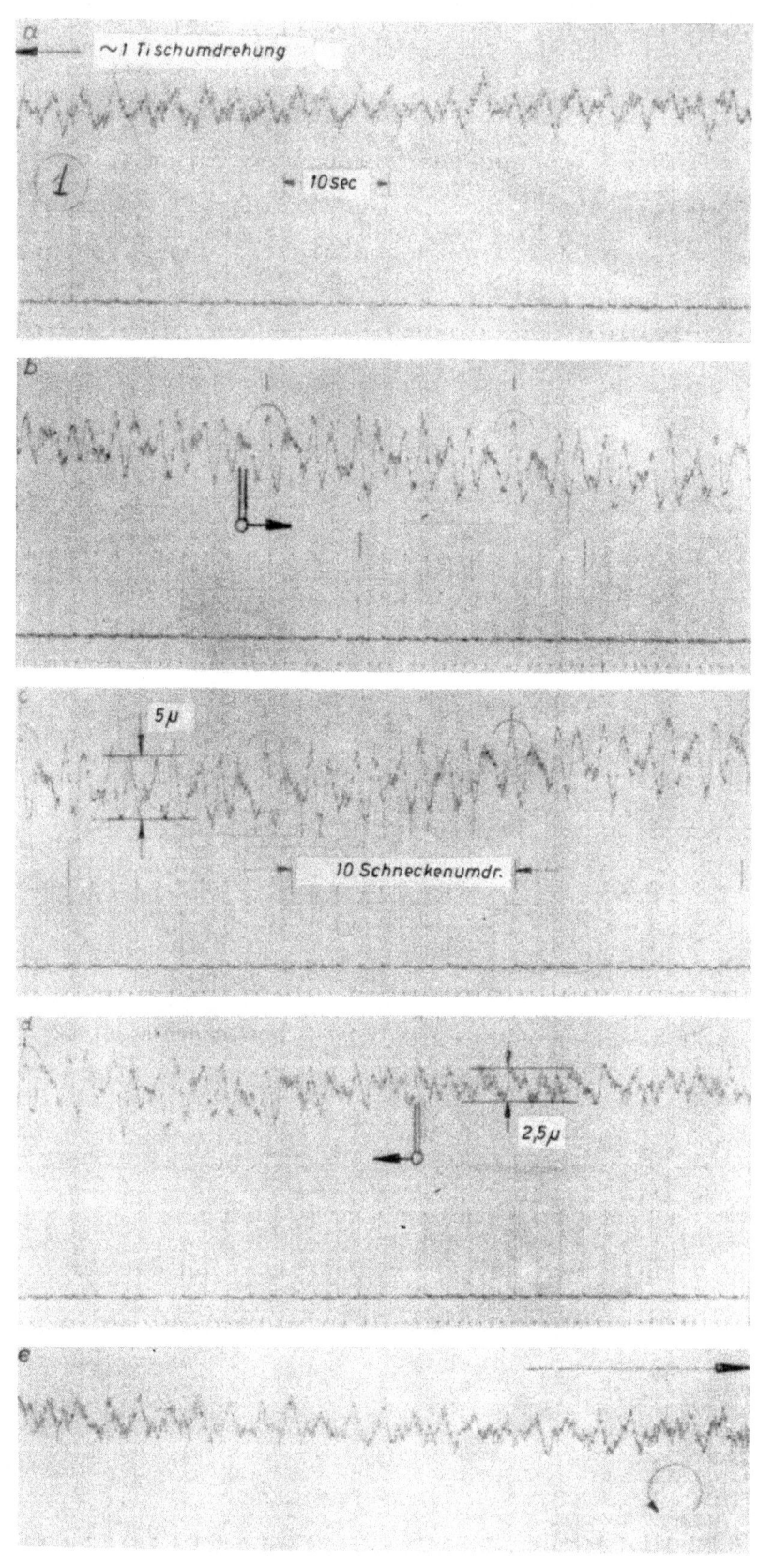

Abbildungen 62a bis e
Ungleichförmigkeit beim Doppelschneckenantrieb

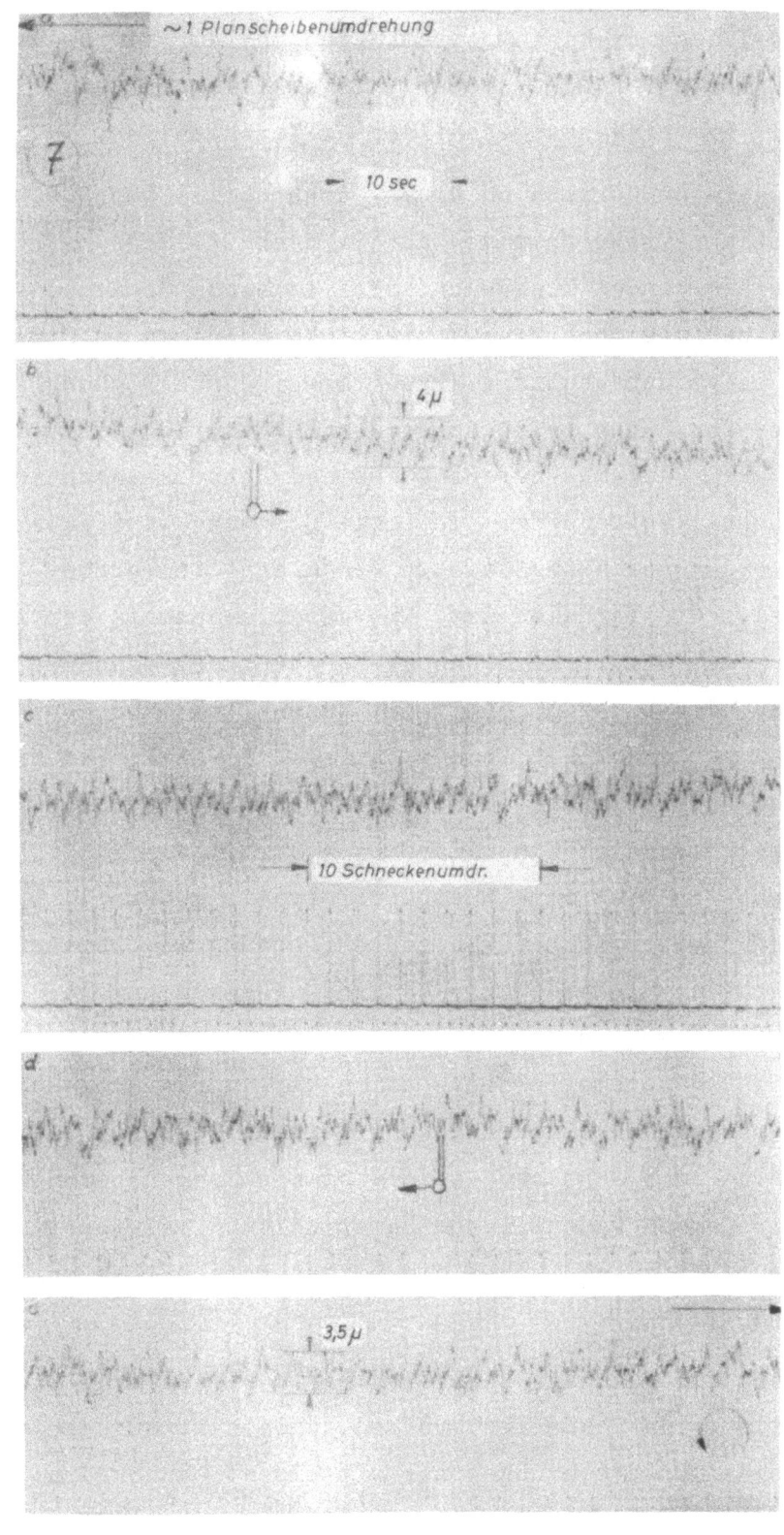

Abbildung 63 a bis e
Ungleichförmigkeit beim Doppelschneckenantrieb

wiederholt. Das Oszillogramm in Abbildung 63 zeigt nunmehr einen über die gesamte Tischumdrehung gleichmäßigen Verlauf der Ungleichförmigkeit; sobald die zweite Schnecke wieder in Eingriff gebracht wurde, reproduzierten sich die eingangs geschilderten Verhältnisse.

Bei einem weiteren Versuch an einer Maschine mit Doppelschneckenantrieb werden in beiden Drehrichtungen der Planscheibe Messungen durchgeführt, und zwar bei folgenden Zuständen: jeweils beide Schnecken in Eingriff und jeweils nur die rechte bzw. die linke Schnecke in Eingriff. Die Abbildung 64 zeigt zunächst die Ergebnisse für die Drehung der Planscheibe im Uhrzeigersinn. Wenn beide Schnecken in Eingriff sind, tritt eine Ungleichförmigkeit auf mit der Frequenz der Schneckendrehzahl und der doppelten Schneckenfrequenz. Die linke Schnecke wird außer Eingriff gebracht, so daß nur eine Schnecke - nämlich die rechte - treibt. Dabei verändern sich die Verhältnisse, wie das Diagramm in der Abbildung zeigt. Läßt man dagegen die linke Schnecke treiben, so verändert sich der zeitliche Verlauf der Ungleichförmigkeit wesentlich, und die Amplituden werden etwas geringer. Daß in der Tat kein wesentlicher Unterschied zwischen dem Antrieb mit zwei Schnecken und dem Antrieb über die rechte Schnecke besteht, zeigt das untere Diagramm in der Abbildung, in dem die beiden oberen Diagramme ineinander projiziert sind. Die gleichen Verhältnisse ergeben sich für die Drehrichtung der Planscheibe entgegen dem Uhrzeigersinn. In Abbildung 65 sind wiederum untereinander die verschiedenen Messungen in den Diagrammen enthalten. Treibt man die Planscheibe über die rechte Schnecke an, so tritt hier gegenüber dem Antrieb mit zwei Schnecken eine Verringerung der Amplitude auf. Treibt man jedoch über die linke Schnecke, so ergibt sich gegenüber dem Antrieb mit zwei Schnecken kein wesentlicher Unterschied, was wiederum das untere Diagramm deutlich zeigt, wobei die beiden Aufschriebe ineinander projiziert sind.

Bei der Anordnung von zwei Schnecken wäre es in diesem Falle günstiger, nicht jeweils beide Schnecken treiben zu lassen, sondern vielmehr für jede der beiden Drehrichtungen nur mit einer Schnecke zu treiben, und zwar benutzt man dann zum Antrieb der Planscheibe im Uhrzeigersinn die linke Schnecke und zum Antrieb der Planscheibe entgegen dem Uhrzeigersinn die rechte Schnecke.

Inwieweit man durch Doppelschneckenantrieb die Fehler vermindern kann, bleibt weiteren Untersuchungen vorbehalten.

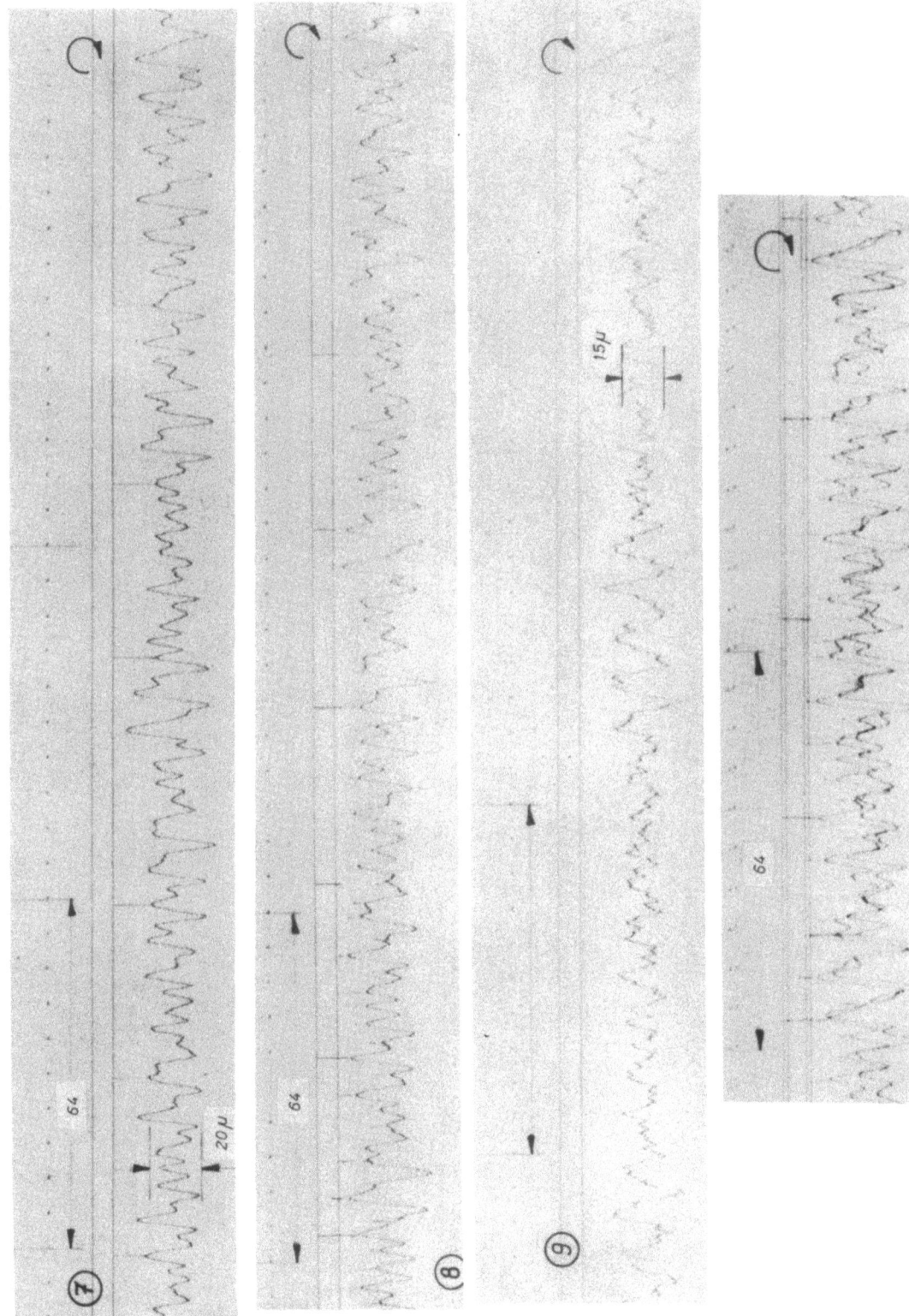

Abbildung 64 a bis d
Ungleichförmigkeit beim Doppelschneckenantrieb

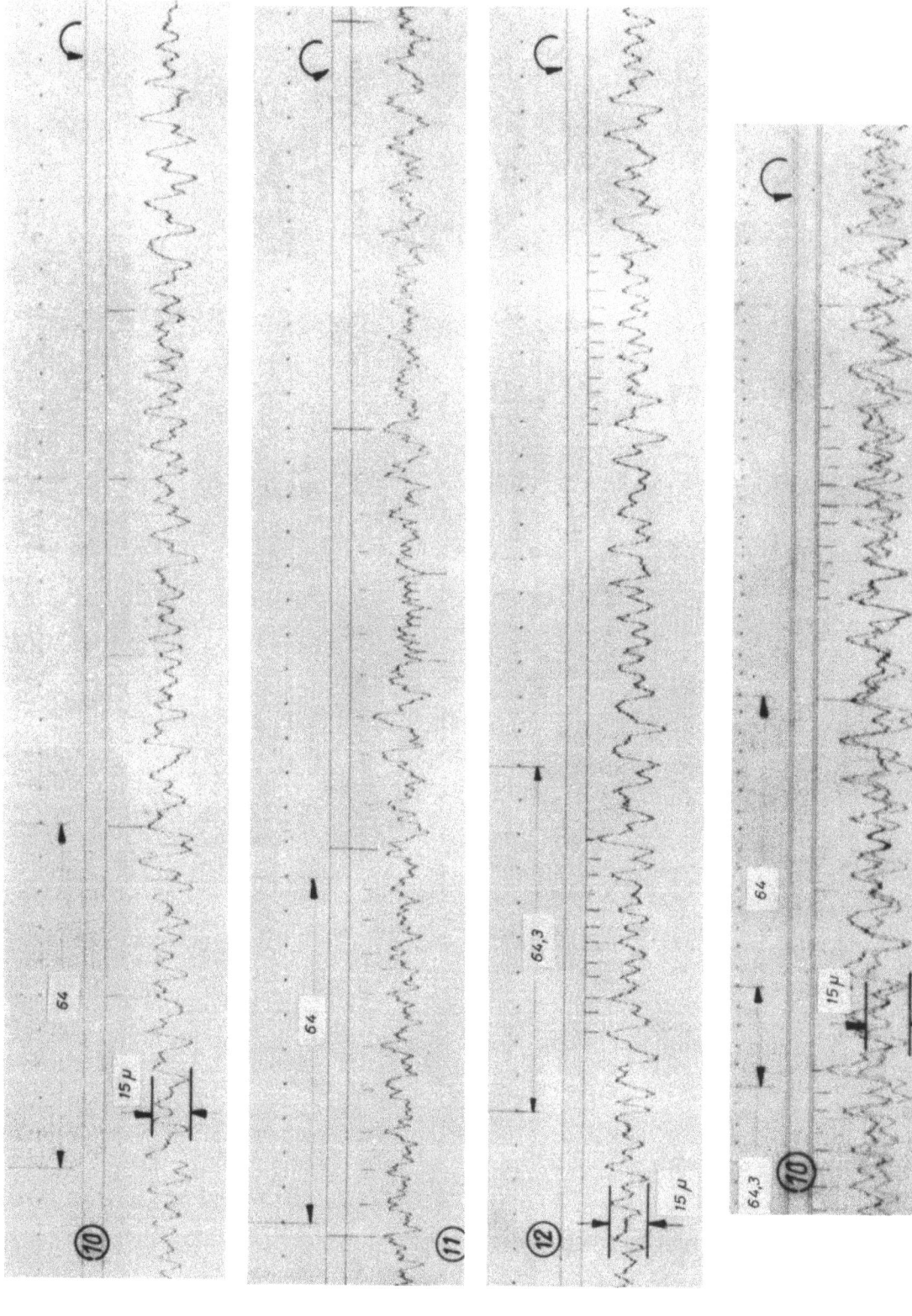

Abbildung 65a bis d
Ungleichförmigkeit beim Doppelschneckenantrieb

5. Ungleichförmigkeiten im Antrieb der Maschine

Auch Ungleichförmigkeiten vom Antriebsmotor her, die beispielsweise durch Spannungsschwankungen entstehen können, oder Ungleichförmigkeiten durch Riemen- oder Kettentriebe werden in der Tischbewegung nachweisbar. Die Ursache für diese Ungleichförmigkeit liegt jedoch vor dem Verzweigungspunkt, an dem sich das Getriebe zum Tisch wie zum Fräserantrieb hin verzweigt, so daß diese Ungleichförmigkeiten sich in gleicher Weise auf den Fräser wie auf den Tischantrieb auswirken müßten. Dabei muß man sich jedoch vor Augen halten, daß der gesamte Getriebezweig für den Fräserantrieb wie auch für den Tischantrieb recht unterschiedlich ausgebildet ist. Beide Getriebesysteme stellen schwingungsfähige Systeme dar mit unterschiedlichen Massen, unterschiedlichen Federn und unterschiedlichen Dämpfungen. Man könnte den gesamten Antrieb einer Fräsmaschine auf ein Ersatzsystem reduzieren, wie es in Abbildung 66 dargestellt ist. Die Masse M entspricht der Masse im Motorzweig und bewegt sich mit der Geschwindigkeit $v \pm \Delta v$. Diese Ungleichförmigkeit wird sich auf die Massen m_1 und m_2 übertragen. Es hängt nun von der Größe und der Frequenz der Ungleichförmigkeit ab, die vom Antriebsmotor in

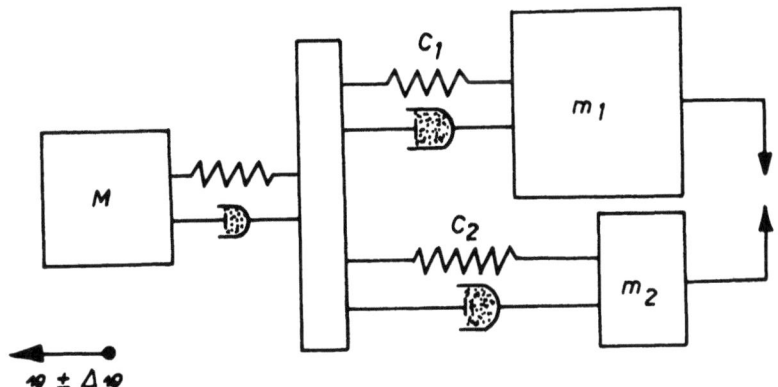

Abbildung 66

Ersatzsystem für die Getriebeanordnung einer Abwälzfräsmaschine

das System eingeleitet wird, ob sich zwischen den Massen m_1 und m_2 eine Relativbewegung ausbildet. Mit der Möglichkeit, auch mit dem seismischen

Verfahren eine Relativmessung zwischen Fräserwelle und Tisch durchzuführen, wird diese Frage versuchsmäßig geklärt werden können.

Bei der Messung einer Räderfräsmaschine mit 500 mm Tischdurchmesser wurde eine Ungleichförmigkeit festgestellt, deren Frequenz nicht mit der Schneckendrehzahl übereinstimmte. Auf Grund der Frequenz konnte dieser Fehler auch keinem der Getriebeelemente zunächst zugeordnet werden (Abb. 67). Um den Fehler nun zu lokalisieren, wurde im Teilwechselrädergetriebe das Übersetzungsverhältnis geändert, und zwar so, daß eine wesentlich geringere Schneckendrehzahl entstand, wohingegen sämtliche Getriebeteile hinter dem Teilwechselrädergetriebe mit der gleichen Drehzahl liefen. Auf die Ungleichförmigkeit hatte diese Maßnahme bezüglich der Frequenz keine Änderung zur Folge, die Amplitude wurde jedoch wesentlich vermindert. Damit war eindeutig festzustellen, daß die Ursache für diese Ungleichförmigkeit hinter dem Teilwechselrädergetriebe liegen mußte.

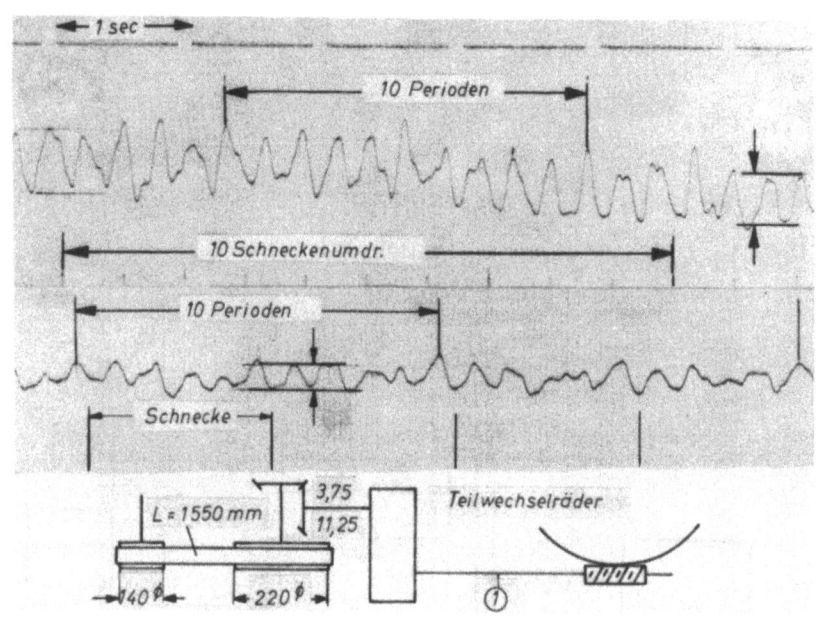

A b b i l d u n g 67
Ungleichförmigkeit durch fehlerhaften Antriebsriemen

Bei 10 Umdrehungen der Schnecke treten etwa 17 Perioden der Ungleichförmigkeit auf. Bei 10 Schneckenumdrehungen vollführt aber auch die im Getriebeschema skizzierte Riemenscheibe von 220 mm Durchmesser 37,5 Umdrehungen. Die Riemenscheibe hat einen Umfang von 690 mm, so daß für einen Riemenumlauf bei 1550 mm Riemenlänge 2,25 Umdrehungen der Riemenscheibe notwendig sind. Daraus ergibt sich nun, daß bei 10 Schneckenumdrehungen 37,5/2,25 = 17 Riemenumläufe stattfinden. Bei näherèr Untersuchung des Flachriemens (es handelte sich hierbei um einen Gummigeweberiemen) stellte sich heraus, daß dieser Riemen an mehreren Stellen schadhaft war.

Bei Maschinen, die mit Gleichstrommotoren angetrieben werden, treten vielfach vom Antriebsmotor her Ungleichförmigkeiten auf, die durch Spannungsschwankungen im Gleichstromnetz verursacht werden, insbesondere dann, wenn von diesem Gleichstromnetz mehrere Maschinen betrieben werden. Ein Beispiel hierfür gibt die Abbildung 68. Bei der Messung der Ungleichförmigkeit traten sehr große Amplituden auf, die zudem keinen periodischen Verlauf aufwiesen und in keinem Verhältnis zu den Schneckenumdrehungen standen. Durch stroboskopische Beobachtungen des Motors und Beobachtungen des Spannungsmessers konnte festgestellt werden, daß

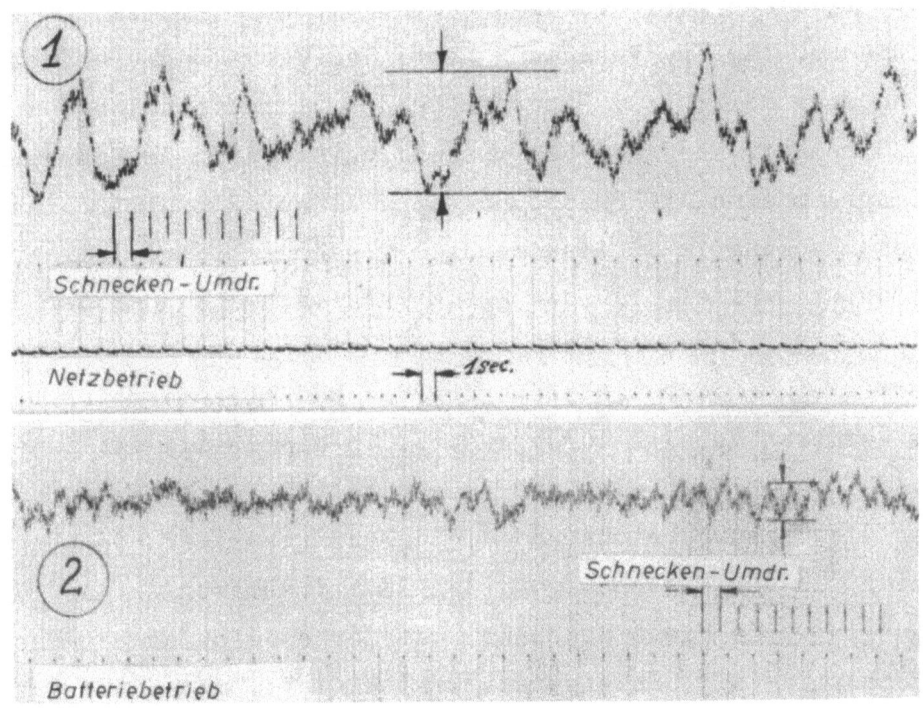

A b b i l d u n g 68
Ungleichförmigkeiten durch Schwankungen im Gleichstromnetz

diese Ungleichförmigkeiten durch Spannungsschwankungen verursacht wurden. Zusammen mit der Räderfräsmaschine wurde von ein und demselben Gleichstromnetz auch ein großer Teil der Krananlage betrieben. Durch den stark intermittierenden Betrieb der Krananlage sind diese Gleichspannungsschwankungen verursacht. Für den Fall, daß das Gleichstromnetz ausfällt, ist ein Notstromaggregat in Form einer großen Batterie vorhanden, so daß ein Werkstück, das sich im Schlichtschnitt befindet, noch fertig bearbeitet werden kann. Um sich von den Spannungsschwankungen des Gleichstromnetzes unabhängig zu machen, wurde die Maschine auf Batteriebetrieb umgeschaltet. Die nachfolgende Messung der Tischbewegung zeigt, wie groß der Einfluß der Spannungsschwankungen auf die gleichförmige Tischbewegung ist. Die Amplituden sind wesentlich geringer geworden und die auftretende Frequenz wird sich nunmehr der Schneckenumdrehung zuordnen.

Diese Erscheinung läßt sich an großen Räderfräsmaschinen, die mit Gleichspannung betrieben werden, des öfteren feststellen. In einem Falle werden von ein und demselben Gleichstromnetz eine große Räderfräsmaschine und zwei Ritzelmaschinen betrieben. Bei der Messung der Tischbewegung der Räderfräsmaschine wurde eine Ungleichförmigkeit von 30 μ am Umfang der Planscheibe gemessen mit einer Periodendauer von etwa 5 sec (Abb. 69). Da diese Periodenlänge weitaus größer war als die Umdrehung einer Schnecke, lag die Vermutung nahe, daß diese Ungleichförmigkeit aus dem Antrieb herrührte. Eine der beiden Ritzelmaschinen, die vom gleichen Stromnetz aus gespeist wurden, befand sich im Schruppschnitt. In dem Diagramm sind die Fräserumdrehung dieser Ritzelmaschine und die Spannungsschwankung im Gleichstromnetz gleichzeitig registriert worden. Es steht außer Zweifel, daß die Schnittkraftschwankungen der Ritzelmaschine sich auf das Gleichstromnetz auswirken und dadurch eine Ungleichförmigkeit in der Tischbewegung der Räderfräsmaschine bewirken. In einem weiteren Versuch wurde zusätzlich die zweite stillstehende Ritzelmaschine mehrfach ein- und ausgeschaltet. Im zweiten Diagramm erkennt man die Spannungsstöße und die daraus resultierenden Ungleichförmigkeiten in der Tischbewegung der Räderfräsmaschine. Auf Grund dieser Messungen wurde diese Maschine, bei der es sich um eine hochwertige Räderfräsmaschine mit Sondergenauigkeit handelt, mit einem getrennten Umformersatz ausgerüstet. Im weiteren Verlauf dieser Untersuchungen wurde die Maschine mit verschiedenen Antriebsarten des Gleichstrommotors ausgerüstet (Abb. 70). Im Falle, daß der Gleichstrommotor direkt vom Gleichstromnetz aus gespeist wird, verursacht das Ein- und Ausschalten der Ritzelmaschine einen Spannungsstoß von 25 V, der sich in der Tischbewegung der Planscheibe mit einer Ungleichförmigkeit von 140 μ bemerkbar macht. Ändert man nun die Speisung des Antriebsmotors in der Weise, wie es die Abbildung 70 zeigt, indem man nämlich einen Gleichstromgenerator mit einem Drehstrommotor antreibt, wobei jedoch noch das Feld des Generators vom Gleichstromnetz gespeist wird, so

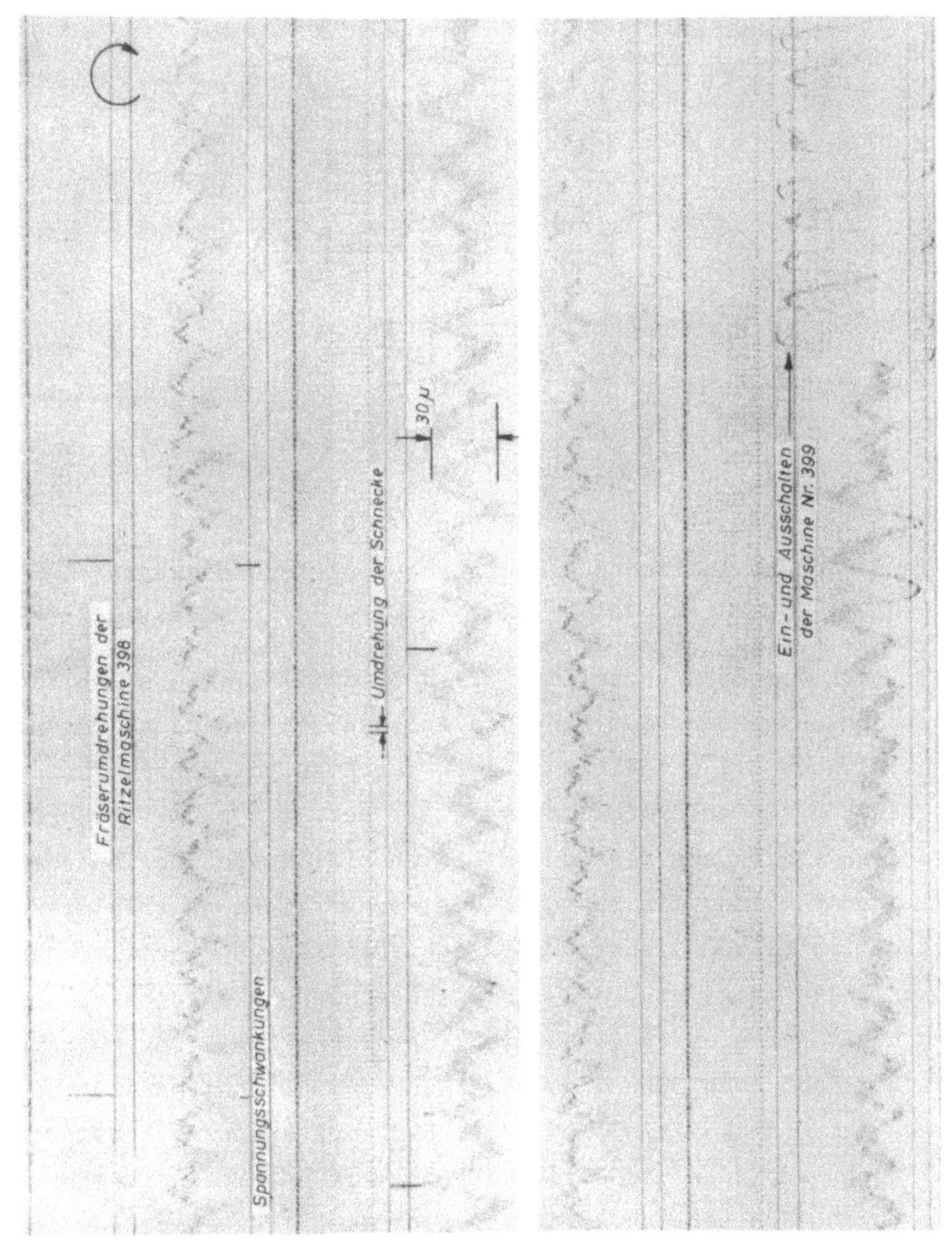

Abbildung 69a und b
Ungleichförmigkeiten durch Schwankungen im Gleichstromnetz

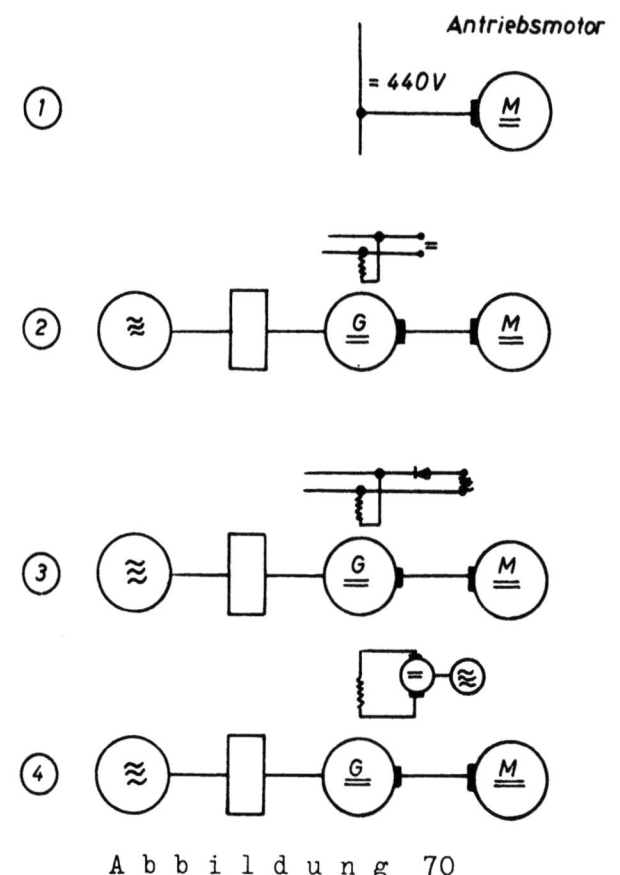

Abbildung 70

Verschiedene Antriebsschaltungen bei Gleichstromantrieb

vermindern sich die Spannungsstöße, wie das Oszillogramm in Abbildung 71 zeigt. Der Spannungsstoß beim Ein- und Ausschalten der Ritzelmaschine beträgt jetzt noch 8 V und wirkt sich in der Planscheibenbewegung nur noch mit einer Ungleichförmigkeit von 50 µ aus. Als nächster Schritt wurde die Erregerwicklung des Generators ebenfalls vom Gleichstromnetz unabhängig gemacht, und die Speisung der Erregerwicklung erfolgte durch einen Gleichrichter vom Drehstromnetz aus. Die Messung der Gleichspannungsschwankungen zeigt nun, daß die Spannungsschwankungen sich wesentlich vermindert haben. Über den Gleichrichter und die Erregerwicklung übertragen sich jedoch noch Spannungsschwankungen im Drehstromnetz, und man erkennt aus dem Oszillogramm (Abb. 72), daß sich Spannungsschwankungen von 0,5 V noch meßbar in der Ungleichförmigkeit der Planscheibenbewegung ausdrücken. Schließlich wird auch noch die Erregerwicklung des Generators über einen Umformersatz, bestehend aus Erreger, Maschine und Drehstrommotor, gespeist. Damit sind endgültig alle Spannungsschwankungen behoben, wie die Messungen der Gleichspannungsschwankungen und der Ungleichförmigkeit im Diagramm in Abbildung 72 zeigen. Um sich bei

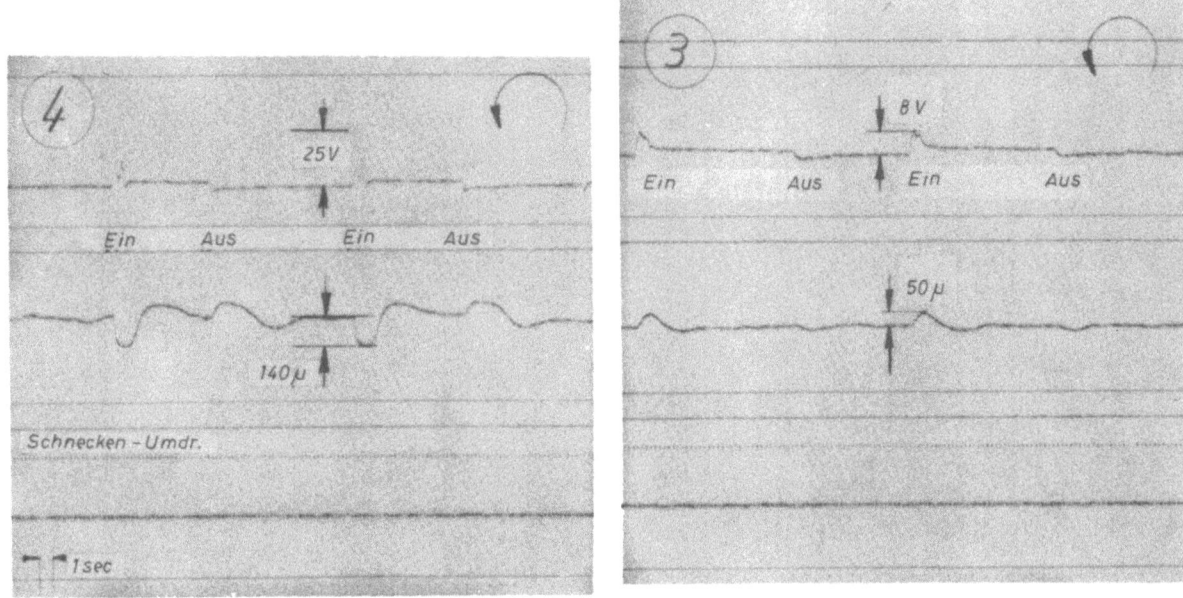

Abbildung 71 a und b
Einfluß von Gleichspannungsschwankungen

Maschinen, die für höchste Verzahnungsgenauigkeit bestimmt sind, unabhängig von den Spannungsschwankungen am Antriebsmotor zu machen, verwendet man für den Antrieb solcher Maschinen am zweckmäßigsten einen Leonardsatz, der zudem noch auf der Generatorwelle eine Schwungmasse trägt zur Beruhigung von Ungleichförmigkeiten, die über das Drehstromnetz eingeleitet werden (Abb. 73).

6. Korrektureinrichtungen

Bei Maschinen für höchste Verzahnungsgenauigkeit wird man zunächst bestrebt sein, das Teilgetriebe - wie auch alle übrigen Antriebselemente - mit der höchstmöglichen Genauigkeit zu fertigen. Die noch verbleibenden Restfehler kann man nun versuchen, durch Korrektureinrichtungen zu vermindern. Diese Korrektureinrichtungen werden insbesondere für den Summenteilfehler des Teilschneckenrades sowie auch für die

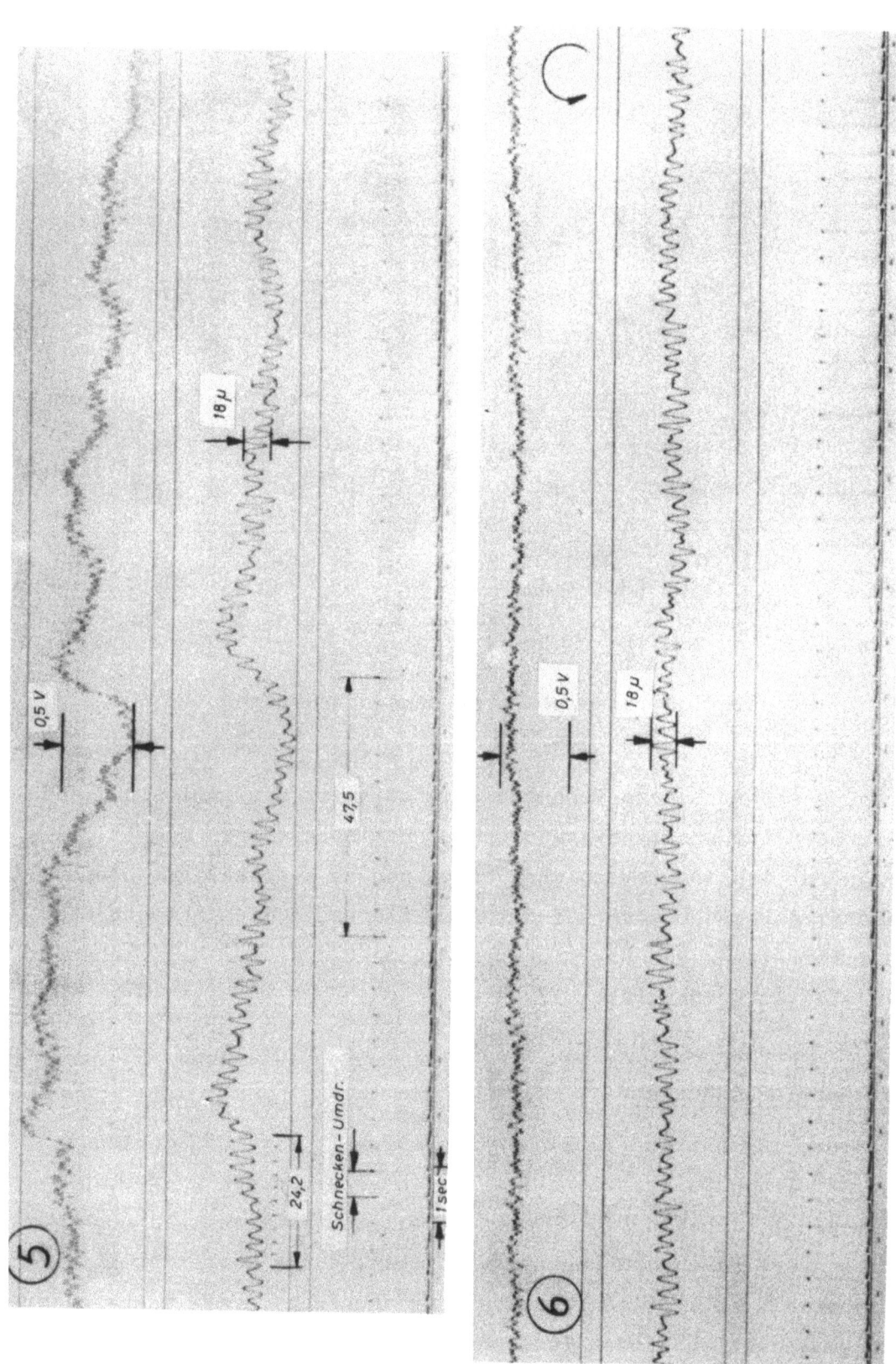

Abbildung 72a und b
Einfluß von Gleichspannungsschwankungen

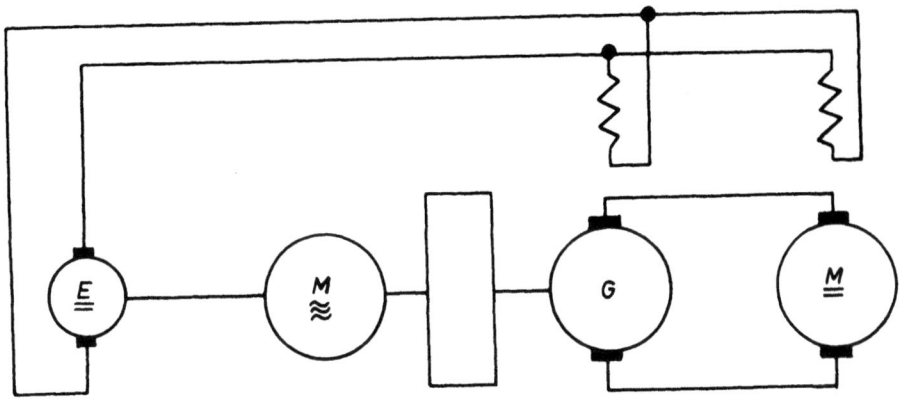

Abbildung 73
Leonardsatz mit Schwungmasse

Ungleichförmigkeiten mit der Schneckenfrequenz interessant. Aus der russischen und japanischen Literatur sind uns solche Korrektureinrichtungen bekannt. Die Abbildung 74 zeigt drei verschiedene Einrichtungen zur Korrektur des Summenfehlers aus einem russischen Buch von A.M. FABER. Eine sehr günstige Lösung ist die, der Teilschnecke eine Zusatzdrehung über ein Differential zu verleihen, mit der man den Summenfehler des Teilschneckenrades korrigiert. Solche Einrichtungen sind auch von den Japanern gebaut und in ihrer Wirkung überprüft worden. Die Abbildung 75 zeigt Messungen an einer Wälzfräsmaschine, die von den Japanern NAKADA und FUKUDA durchgeführt wurden. Im oberen Diagramm der Abbildung ist die Messung des Summenfehlers in der Tischdrehung der Wälzfräsmaschine wiedergegeben, einmal mit und einmal ohne Korrektureinrichtung. Im Diagramm darunter sind die Summenfehler zweier Zahnräder aufgetragen, die auf dieser Fräsmaschine verzahnt wurden, und zwar einmal mit und einmal ohne Korrektureinrichtung. Die Auswirkung auf die Genauigkeit des erzeugten Werkstückes geht aus diesem Diagramm deutlich hervor. Es läßt sich jedoch nicht nur der Summenfehler des Teilrades korrigieren, sondern auch Ungleichförmigkeiten mit der Frequenz der Schneckenumdrehung, wie bereits die Versuche gezeigt haben. Die einfachste Einrichtung dieser Art besteht in einem Vorgelege mit der Übersetzung 1 : 1 unmittelbar auf der Schneckenwelle, wobei die beiden Räder in ihrer Exzentrizität sowohl nach Betrag als auch nach Lage veränderlich sind. Um diese Korrektur in beiden Drehrichtungen der Planscheibe durchführen

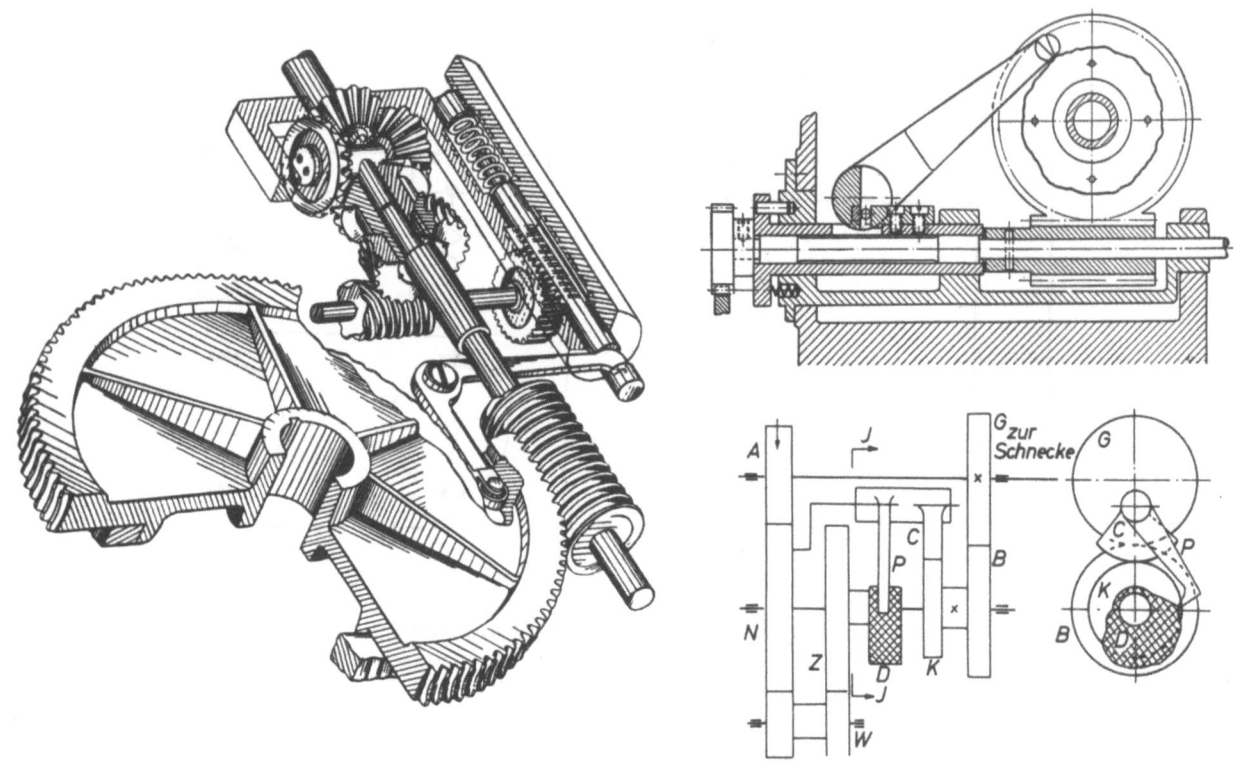

Abbildung 74

Korrektureinrichtungen

(nach A.M. FABER)

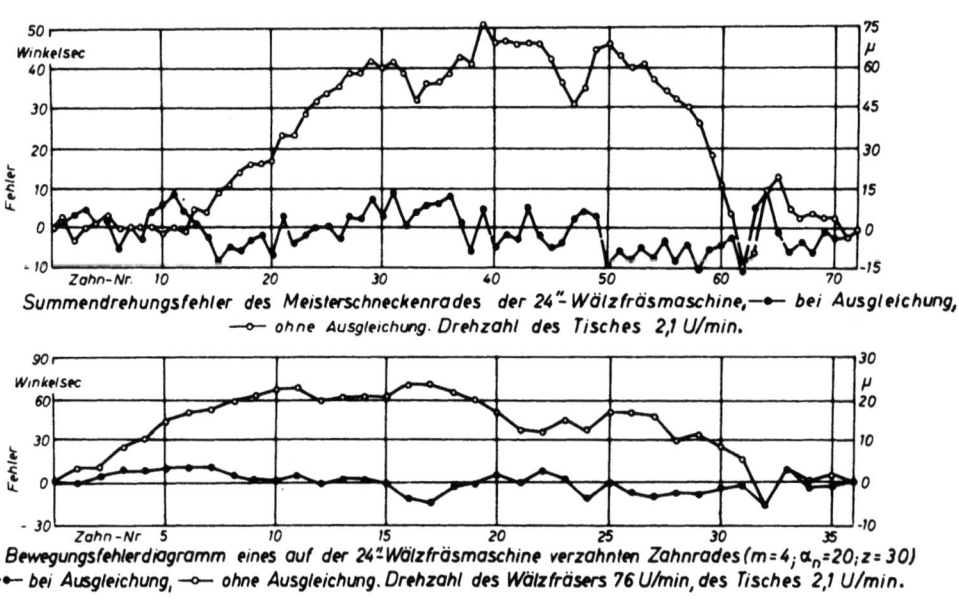

Abbildung 75

Verminderung der Summenfehler durch Korrektureinrichtungen

(nach NAKADA und FUKUDA)

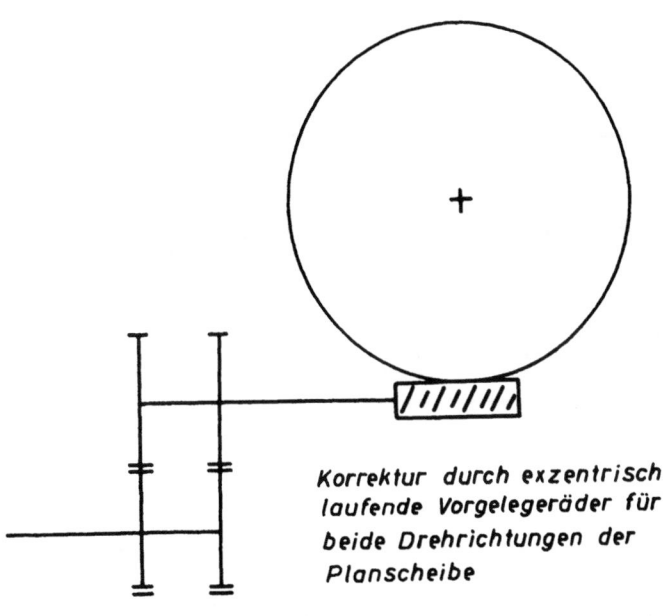

Korrektur durch exzentrisch laufende Vorgelegeräder für beide Drehrichtungen der Planscheibe

A b b i l d u n g 76

Korrektureinrichtung zur Minderung der Schneckenfehler

zu können, ist es zweckmäßig, zwei verschiedene Räderpaare anzuordnen, wobei jeweils nur eine Flanke der Zahnräder benutzt wird (Abb. 76). Um eine solche Korrektureinrichtung einstellen zu können, ist ein Meßgerät erforderlich, das sehr schnell einsatzfähig ist, sehr betriebssicher und für den Werkstattgebrauch geeignet ist. In den Ungleichförmigkeitsmessern nach dem seismischen Prinzip steht ein solches Meßgerät zur Verfügung. Die beiden Diagramme in Abbildung 77 zeigen die Wirkung einer solchen Korrektureinrichtung. An einer großen Verzahnmaschine mit 4 m Tischdurchmesser beträgt die Ungleichförmigkeit ohne Korrektureinrichtung am Umfang der Planscheibe 7,5 μ . Durch die Korrektureinrichtung kann der Fehler in Schneckenfrequenz fast völlig beseitigt werden, und es verbleibt noch eine Ungleichförmigkeit mit anderer Frequenz und einem Betrag von 2,5 μ am Umfang der Planscheibe. Die gleiche Wirkung durch Erhöhung der Fertigungsgenauigkeit im Teilgetriebe zu erzielen, ist ungleich schwieriger als durch eine Korrektureinrichtung und daher auch mit wesentlich höheren Kosten verbunden.

Eine solche Korrektureinrichtung wurde benutzt, um an einer kleineren Verzahnmaschine Versuchsräder zu fräsen, die in einem Geräuschprüfstand näher untersucht werden sollten. Man ist mit einer solchen Korrektureinrichtung in der Lage, die Fehler zu kompensieren und auch bewußt Fehler bestimmter Größe und bestimmter Frequenz zu erzeugen. Die Diagramme

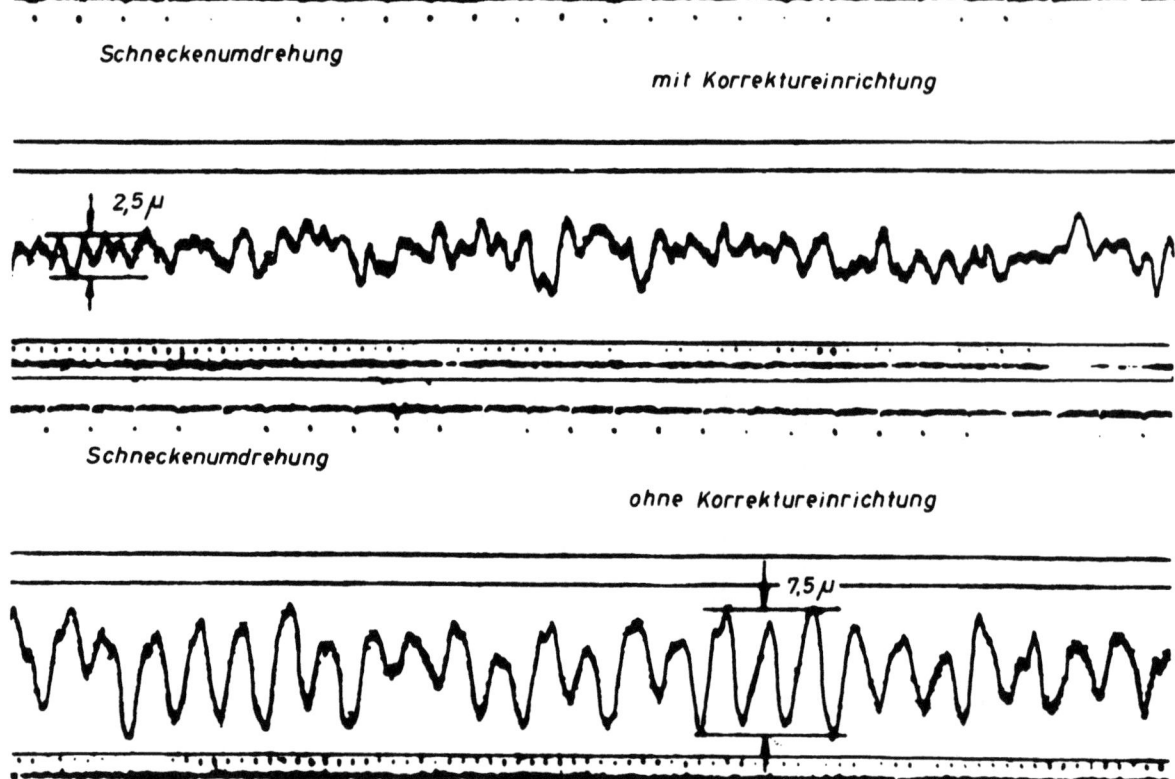

Abbildung 77
Minderung der Ungleichförmigkeit in Schneckenfrequenz
durch Korrektureinrichtung

in Abbildung 78 zeigen für Rad und Ritzel eines einstufigen Getriebes zwei verschiedene Einstellungen der Maschine. Im ersten Fall wurde der Schneckenfehler weitestgehend kompensiert, im zweiten Falle wurde dieser Fehler bewußt erzeugt und in einem dritten Falle wurde eine Ungleichförmigkeit erzeugt mit einer Frequenz, die das 1,6fache der Schneckenfrequenz betrug. Die später durchgeführten Geräuschuntersuchungen zeigten einen eindeutigen Zusammenhang zwischen Ungleichförmigkeitsmessungen an der Maschine und dem Frequenzspektrum des auftretenden Getriebegeräusches.

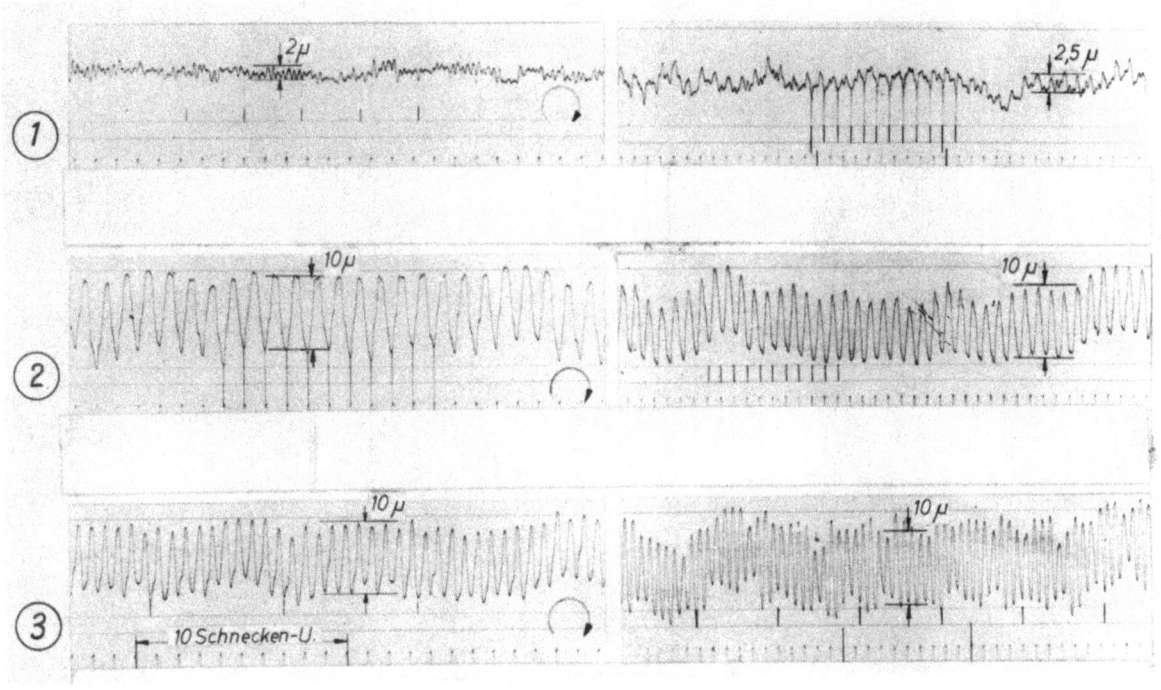

Rad: z=76 Ritzel: z=47
Eichradius = 200mm m=2; β=10°, b=70mm

Abbildung 78

Erzeugung bestimmter Fehler zur Herstellung von Versuchsrädern

7. Ungleichförmigkeit und Geräuschentstehung

An einer Großverzahnmaschine wurde während des Schlichtens eines Turbinenrades für ein Schiffsgetriebe eine Ungleichförmigkeitsmessung durchgeführt. Die Abbildung 79 zeigt vier verschiedene Diagramme, die zeitlich mit Abständen von etwa 5 min aufgenommen worden sind. Die Übersetzungen der Wellen 1 bis 5 sind in der Tabelle enthalten. Die Auswertung durch bloßes Auszählen ist in diesem Falle unzureichend, und es liegt die Vermutung nahe, daß sich in dieser ungleichförmigen Bewegung mehrere Fehler addieren. Es ist daher in diesem Falle versucht worden, die Kurve mittels eines mechanischen Analysators nach MADER-OTT, wie er in Abbildung 80 dargestellt ist, zu analysieren. Die zu analysierenden Kurven werden vergrößert und auf dem Grundbrett aufgespannt. Die Kurven werden sodann mit einem Stift nachgefahren, und am Planimeter ist der jeweilige Koeffizient ablesbar. Nach diesem Verfahren wurden die vier Schriebe analysiert. Die Ergebnisse wurden gemittelt und sind in Abbildung 81 zusammengefaßt. Diese Analyse zeigt nun eindeutig, daß alle

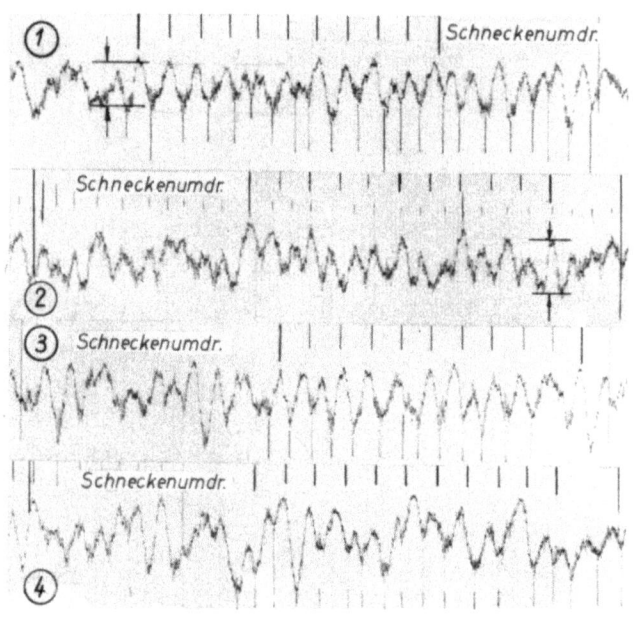

Abbildung 79

Ungleichförmigkeit bei der Erzeugung eines Zahnrades

Wellen-Nr.	1	2	3	4	5
	1,0	1,17	1,38	1,41	1,63

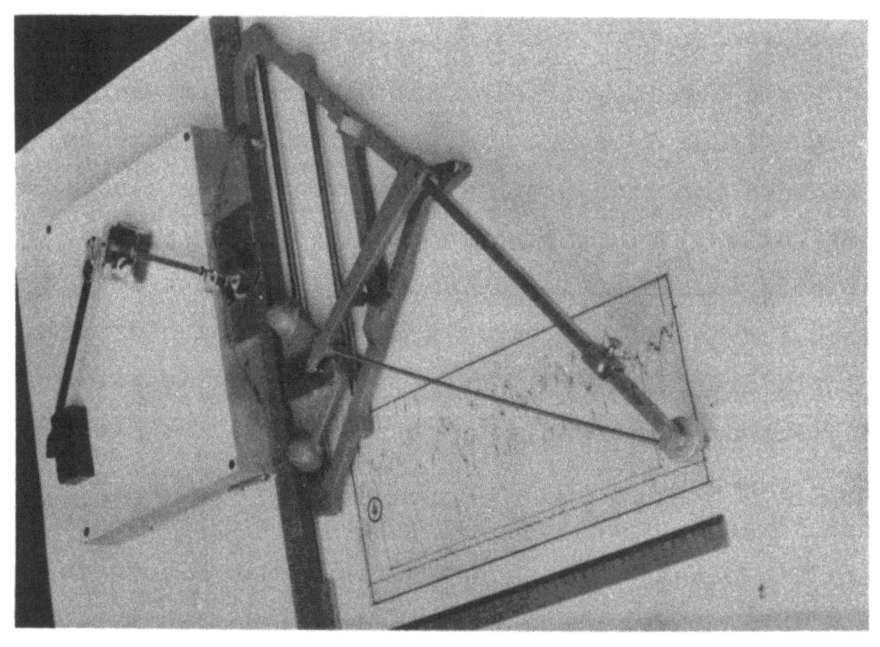

Abbildung 80

Mechanischer Analysator nach MADER-OTT

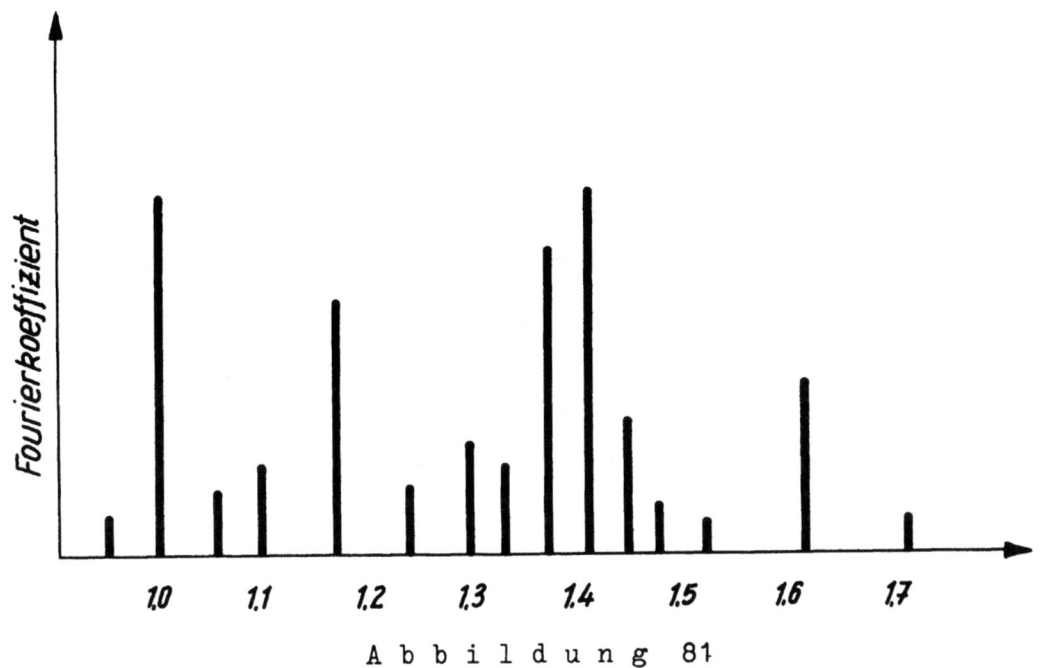

Abbildung 81
Frequenzbestimmung mit MADER-OTT-Analysator
Fourieranalyse nach MADER-OTT

fünf Getriebewellen fehlerbehaftet sind und einen Anteil zur Ungleichförmigkeit der Planscheibenbewegung beitragen. Einige Monate später, nachdem das Schiff in Betrieb genommen worden war, wurde eine Geräuschmessung durchgeführt, und die Frequenzanalyse des Getriebegeräusches läßt eindeutig Frequenzen feststellen, die diesen Getriebewellen der Verzahnmaschine zuzuordnen sind.

Es hat sich damit erwiesen, daß zwischen der Ungleichförmigkeitsmessung der Verzahnmaschine und dem Geräuschspektrum ein Zusammenhang besteht und daß nicht nur die Fehler im Teilgetriebe, wie dies von PARSONS, MALDAL und ZINK nachgewiesen wurde, sich im Geräuschspektrum auswirken, sondern daß auch andere Getriebeelemente der Verzahnmaschine ihre Fehler auf das erzeugte Zahnrad übertragen und sich daher später im Geräuschspektrum auswirken. Diese Fehler sind zwar auf dem erzeugten Zahnrad vorhanden, sie sind jedoch den Messungen am Zahnrad selbst nur sehr schwer oder überhaupt nicht zugängig. Im Zusammenhang mit der Geräuschuntersuchung an Zahnradgetrieben kommt daher der Ungleichförmigkeitsmessung von Verzahnmaschinen eine große Bedeutung zu, da die Messung der Ungleichförmigkeit an der Verzahnmaschine weitaus einfacher und mit geringeren Kosten durchführbar ist, als eine sich auf alle Fehlerarten erstreckende Untersuchung des erzeugten Werkstückes.

Zusammenfassung und Ausblick

Der vorliegende Bericht zeigte, daß die ungleichförmige Wälzbewegung an Verzahnmaschinen mit Meßgeräten gemessen werden kann, die nach dem Prinzip der seismischen Schwingungsmessung arbeiten. Dabei verzichtet man zwar auf die Ermittlung der Summenfehler des Teilschneckenrades, man gewinnt jedoch dadurch an besonderen Vorteilen des Meßverfahrens eine hohe Meßempfindlichkeit, die auch das Ausmessen von Großverzahnmaschinen gestattet, die Möglichkeit, während der Bearbeitung zu messen, weiterhin die Unabhängigkeit vom Drehzahlverhältnis Frästisch - Frässpindel, also die Unabhängigkeit von der Anordnung der Teilwechselräder. Ein wesentlicher Vorzug liegt in der leichten Anbringungsmöglichkeit, wobei auf genaues Ausrichten verzichtet werden kann, so daß beispielsweise große Verzahnungsmaschinen gemessen werden können, ohne daß der Zerspanungsprozeß unterbrochen wird. Unter Anwendung von zwei Meßgeräten gleicher Eigenfrequenz und gleicher Dämpfung besteht auch die Möglichkeit, Relativmessungen zwischen zwei verschiedenen Wellen, die windschief zueinander im Raum liegen und unterschiedliche Drehzahlen aufweisen können, durchzuführen. Bei der Entwicklung der Meßgeräte konnte für die elektrische Umwandlung der Meßwerte auf handelsübliche Trägerfrequenzmeßbrücken zurückgegriffen werden, so daß für die elektronische Einrichtung keine besondere Entwicklungsarbeit erforderlich war. Durch besondere konstruktive Gestaltung und unter Anwendung geeigneter Materialien konnten die Eigenfehler des Meßgerätes so weit herabgesetzt werden, daß die Meßgenauigkeit und die Meßempfindlichkeit zur Messung von Großverzahnmaschinen völlig ausreichend ist. Die Weiterentwicklung des Meßverfahrens wird sich vorwiegend auf die weitere Steigerung der Meßbereitschaft durch entsprechende Hilfseinrichtungen erstrecken, sowie auf die Einrichtungen zur Meßwerteaufbereitung. Hierbei wären insbesondere zu nennen Geräte zur Frequenzanalyse der ermittelten Ungleichförmigkeiten. Elektrische Filter versagen hier in den meisten Fällen, da bei den tiefen Frequenzen die Einschwingzeiten solcher Filter bei der geforderten Selektivität viel zu hoch werden. Es besteht hier die Möglichkeit der magnetischen Meßwertspeicherung mit anschließender Frequenztransformation, so daß die Meßwertaufzeichnung einem Suchtonanalysator zur Frequenzanalyse zugänglich gemacht werden kann. In vielen Fällen lassen sich jedoch die Ursachen für auftretende Ungleichförmigkeiten lokalisieren, indem man in systematischer Weise Änderungen im Teilwechselrädergetriebe vornimmt.

Eine weitere Anwendungsmöglichkeit des Meßverfahrens liegt in der Prüfung von Zahnradpaaren in der sogenannten Einflankenprüfung. Bei der Einflankenprüfung wird ebenfalls die gleichförmige Bewegungsübertragung eines Zahnradpaares untersucht. Alle Geräte, die mit Hilfe von Reibscheiben arbeiten, haben den wesentlichen Nachteil, daß diese Reibscheiben mit sehr großer Genauigkeit gefertigt werden müssen, und zudem muß für jedes zu prüfende Zahnradpaar ein neues Reibscheibenpaar erstellt werden. Mit Hilfe von zwei Ungleichförmigkeitsmessern läßt sich eine Relativmessung zwischen den beiden Radachsen durchführen. Der Vorteil des Meßverfahrens liegt hier wiederum in der leichten Anpassungsfähigkeit an die verschiedenen Getriebeübersetzungen und verschiedenen Durchmesser.

Eine größere Zahl von Messungen an Verzahnmaschinen läßt einen Zusammenhang zwischen Ungleichförmigkeit und Geräuschentstehung erkennen, wobei bereits früher von anderer Seite getroffene Feststellungen bestätigt und noch wesentlich erweitert werden. Die Untersuchungen zeigten ferner, daß es mit Hilfe von Korrektureinrichtungen möglich ist, die Ungleichförmigkeiten stark herabzusetzen. Auch für die konstruktive Ausführung des Tischantriebes lassen sich aus den Untersuchungen einige wichtige Schlußfolgerungen ziehen.

                                                Prof. Dr.-Ing. Herwart OPITZ
                                                Dr.-Ing. Rolf PIEKENBRINK
                                                Dipl.-Ing. J. HOPPEN

Literaturverzeichnis

NAKADA, T. und Y. FUKUDA — Zur Messung der Drehungsfehler bei Drehtischen von Wälzfräsmaschinen.
Konstruktion (1958) Heft 5, S. 201-205

WUEST, W. — Blattfedergelenke für Meßgeräte.
Feinwerktechnik (1950) Heft 7, S. 167-170

SCHWABE, E. — Wirbelstromdämpfung und -bremsung mit dauermagnetischen Systemen.
ETZ-A (1957) Heft 14, S. 495-499

LÖBELL, D. — Wälzfräsmaschinen zum Fräsen von Turbinenrädern.
Maschinenmarkt, Werkzeugmaschinenpraxis
(1958) Heft 11, S. 13-19

STEPANEK, K. — Magnetischer Maßstab zur Erhöhung der Genauigkeit von Verzahnungsmaschinen.
Maschinenmarkt, Werkzeugmaschinenpraxis
(1958) Heft 11, S. 11-13

HÖFLER, W. — Ursachen von Verzahnungsfehlern beim Wälzfräsen.
Maschinenmarkt, Werkzeugmaschinenpraxis
(1958) Heft 19, S. 11-14

ZINK, H. — Geräuschuntersuchungen an Zahnradgetrieben
Z. VDI (1956) Nr. 8, S. 297-303

HÖFLER, W. — Die Ursachen der Verzahnungsfehler beim Wälzfräsen und Wälzstoßen sowie ihre Ermittlung mit neuen elektronischen Verzahnungsmeßgeräten.
VDI-Bericht. Nr. 32, (1959), S. 29-41

PARSONS, C.A. — Mechanical Gearing for the Propulsion of ships.
Engineering (1913) March, p. 71

MELDAHL, A. — Weshalb pfeift ein Getriebe? Wie wird das Pfeifen vermieden?
Brown Boveri-Mitteilungen 1942, Sept.-Okt.

BRADDYLL, J.R.G.	Large Gear Hobbing Machines and Post Hobbing Processes. International Conference on Gearing. Sept. 1958, paper 9 Institution of Mechanical Engineers, London
PIEKENBRINK, R.	Messung der Ungleichförmigkeit in der Drehbewegung von Verzahnungsmaschinen. VDI-Berichte Bd. 32, 1959
BUDNICK, G.	Das Messen von Geschwindigkeiten an Werkzeugmaschinen mit Hilfe elektrischer Verfahren
BUDNICK, A.	Probleme der Großzahnradmessung. VDI-Berichte Bd. 32, 1959
ZINK, H.	Die Messung von Geräuschen und Schwingungen an Getrieben und ihre Auswertung. VDI-Berichte Bd. 32, 1959
DE JONG, H.	Geräuschversuche an Zahnradgetrieben. Industrie-Anzeiger 81 (1959) Nr. 44
SYKES, A.	Gear Hobbing and Shaving. David Brown-Handbook

FORSCHUNGSBERICHTE DES LANDES NORDRHEIN-WESTFALEN

Herausgegeben durch das Kultusministerium

MASCHINENBAU

HEFT 45
Lorenhausenwerk Düsseldorfer Maschinenbau AG., Düsseldorf
Untersuchungen von störenden Einflüssen auf die Lastgrenzenanzeige von Dauerschwingprüfmaschinen
1953, 36 Seiten, 11 Abb., 3 Tabellen, DM 7,25

HEFT 77
Meteor Apparatebau Paul Schmeck GmbH., Siegen
Entwicklung von Leuchtstoffröhren hoher Leistung
1954, 46 Seiten, 12 Abb., 2 Tabellen, DM 9,15

HEFT 100
Prof. Dr.-Ing. H. Opitz, Aachen
Untersuchungen von elektrischen Antrieben, Steuerungen und Regelungen an Werkzeugmaschinen
1955, 166 Seiten, 71 Abb., 3 Tabellen, DM 31,30

HEFT 136
Dipl.-Phys. P. Pilz, Remscheid
Über spezielle Probleme der Zerkleinerungstechnik von Weichstoffen
1955, 58 Seiten, 19 Abb., 2 Tabellen, DM 11,50

HEFT 147
Dr.-Ing. W. Rudisch, Unna
Untersuchung einer drehelastischen Elektromagnet-Synchronkupplung
1955, 82 Seiten, 65 Abb., DM 17,70

HEFT 183
Dr. W. Bornheim, Köln
Entwicklungsarbeiten an Flaschen- und Ampullen-Behandlungsmaschinen für die pharmazeutische Industrie
1956, 48 Seiten, 24 Abb., DM 11,70

HEFT 212
Dipl.-Ing. H. Spodig, Selm
Untersuchung zur Anwendung der Dauermagnete in der Technik
1955, 44 Seiten, 25 Abb., DM 9.80

HEFT 295
Prof. Dr.-Ing. H. Opitz und Dipl.-Ing. H. Axer, Aachen
Untersuchung und Weiterentwicklung neuartiger elektrischer Bearbeitungsverfahren
1956, 42 Seiten, 27 Abb., DM 10,30

HEFT 298
Prof. Dr.-Ing. E. Oehler, Aachen
Untersuchung von kritischen Drehzahlen, die durch Kreiselmomente verursacht werden
1956, 50 Seiten, 35 Abb., DM 13,15

HEFT 384
Prof. Dr.-Ing. H. Opitz, Aachen
Schwingungsuntersuchungen an Werkzeugmaschinen
1958, 66 Seiten, 73 Abb., DM 20,40

HEFT 412
Prof. Dr.-Ing. H. Opitz, Aachen
Kennwerte und Leistungsbedarf für Werkzeugmaschinengetriebe
1958, 72 Seiten, 35 Abb., DM 17,20

HEFT 506
Prof. Dr.-Ing. W. Meyer zur Capellen, Aachen
Der Flächeninhalt von Koppelkurven. Ein Beitrag zu ihrem Formenwandel
1958, 74 Seiten, 26 Abb., DM 21,50

HEFT 533
Prof. Dr.-Ing. H. Opitz und Dipl.-Ing. W. Hölken, Aachen
Untersuchung von Ratterschwingungen an Drehbänken
1958, 70 Seiten, 44 Abb., 2 Tabellen, DM 19,70

HEFT 606
Oberbaurat Prof. Dr.-Ing. W. Meyer zur Capellen, Aachen
Eine Getriebegruppe mit stationärem Geschwindigkeitsverlauf
1958, 34 Seiten, 21 Abb., DM 10,50

HEFT 631
Dr. E. Wedekind, Krefeld
Der Einfluß der Automatisierung auf die Struktur der Maschinen- und Arbeiterzeiten am mehrstelligen Arbeitsplatz in der Textilindustrie
1958, 72 Seiten, 32 Abb., 8 Tabellen, DM 21,10

HEFT 667
Prof. Dr.-Ing. H. Opitz und Dipl.-Ing. H. de Jong, Aachen
Schwingungs- und Geräuschuntersuchung an ortsfesten Getrieben
1959, 32 Seiten, 28 Abb., 2 Tabellen, DM 10,30

HEFT 668
Prof. Dr.-Ing. H. Opitz, Dipl.-Ing. G. Ostermann und Dipl.-Ing. M. Gappisch, Aachen
Beobachtungen über den Verschleiß an Hartmetallwerkzeugen
1958, 38 Seiten, 26 Abb., DM 12,—

HEFT 669
Prof. Dr.-Ing. H. Opitz, Dipl.-Ing. H. Uhrmeister und Dipl.-Ing. K. Jüstel, Aachen
Aufbau und Wirkungsweise einer Magnetbandsteuerung
1958, 50 Seiten, 39 Abb., DM 15,—

HEFT 670
Prof. Dr.-Ing. H. Opitz und Dipl.-Ing. W. Backé, Aachen
Untersuchung von Kopiersteuerungen
1959, 70 Seiten, 54 Abb., DM 18,80

HEFT 671
Prof. Dr.-Ing. H. Opitz, Dr.-Ing. R. Piekenbrink und Dipl.-Ing. K. Honrath, Aachen
Untersuchungen an Werkzeugmaschinenelementen
1959, 70 Seiten, 71 Abb., DM 20,—

HEFT 672
Prof. Dr.-Ing. H. Opitz, Dipl.-Ing. H. Heiermann und Dipl.-Ing. B. Rupprecht, Aachen
Untersuchungen beim Innenrundschleifen
1959, 34 Seiten, 50 Abb., DM 11,50

HEFT 673
Prof. Dr.-Ing. H. Opitz, Dipl.-Ing. H. Obrig und Dipl.-Ing. K. Ganser, Aachen
Die Bearbeitung von Werkzeugstoffen durch funkenerosives Senken
1959, 60 Seiten, 41 Abb., 1 Tabelle, DM 18,—

HEFT 676
Prof. Dr.-Ing. W. Meyer zur Capellen, Aachen
Harmonische Analyse bei Kurbeltrieben.
I. Allgemeine Zusammenhänge
1959, 38 Seiten. 10 Abb., DM 11,50

HEFT 695
Dr.-Ing. W. Herding, München
Die Fahrdynamik und das Arbeitsspiel gleisloser Erdbaugeräte als Kalkulationsgrundlage für die Bodenförderung und ihre Kosten
in Vorbereitung

HEFT 718
Prof. Dr.-Ing. W. Meyer zur Capellen, Aachen
Die geschränkte Kurbelschleife
I. Die Bewegungsverhältnisse
1959, 110 Seiten, 54 Abb., DM 29,20

HEFT 764
Prof. Dr.-Ing. H. Opitz, Dr.-Ing. H. Siebel und Dipl.-Ing. R. Fleck, Aachen
Keramische Schneidstoffe
1959, 30 Seiten, 18 Abb., DM 9,80

HEFT 772
Prof. Dr.-Ing. W. Meyer zur Capellen
Nomogramme zur geneigten Sinuslinie
1959, 28 Seiten, 11 Abb., DM 8,50

HEFT 775
Prof. Dr.-Ing. H. Opitz
Automatische Erfassung der Maßabweichung der Werkstücke zum Zweck der selbständigen Korrektur der Maschine
1959, 38 Seiten, 27 Abb., DM 11,40

HEFT 777
Prof. Dr.-Ing. H. Opitz und Dipl.-Ing. P.-H. Brammertz, Aachen
Werkstückgüte und Fertigkeitskosten beim Innen-Feindrehen und Außenrund-Einsteckschleifen
1959, 92 Seiten, 68 Abb., DM 25,30 —

HEFT 788
Prof. Dr.-Ing. Herwart Opitz, Aachen
Der Einsatz radioaktiver Isotope bei Zerspannungsuntersuchungen
In Vorbereitung

HEFT 794
Dipl.-Ing. Reinhard Wilken, Düsseldorf
Das Biegen von Innenborden mit Stempeln
1959, 82 Seiten, DM 22,40

HEFT 801
Baurat Dipl.-Ing. Gesell, Duisburg
Ersatz von Quarzsand als Strahlmittel
In Vorbereitung

HEFT 806
Prof. Dr.-Ing. H. Opitz u. a., Aachen
Untersuchungen von Zahnradgetrieben und Zahnradbearbeitungsmaschinen

HEFT 809
Prof. Dr.-Ing. H. Opitz und Dipl.-Ing. H. H. Herold, Aachen
Untersuchung von elektro-mechanischen Schaltelementen

HEFT 810
Prof. Dr.-Ing. H. Opitz und Dr.-Ing. N. Maas, Aachen
Das dynamische Verhalten von Lastschaltgetrieben
in Vorbereitung

HEFT 811
Prof. Dr.-Ing. H. Opitz und Dipl.-Ing. H. Bürklin, Aachen Fa. Schoppe & Faeser, Minden, bearbeitet im Auftrage des Forschungsinstitutes für Rationalisierung in Aachen
Über Weggeber für automatisch gesteuerte Arbeitsmaschinen
in Vorbereitung

HEFT 820
Prof. Dr.-Ing. H. Opitz, Dipl.-Ing. H. Rohde und Dipl.-Ing. W. König, Aachen
Untersuchungen der Spanformung durch Spanbrecher beim Drehen mit Hartmetallwerkzeugen
in Vorbereitung

HEFT 830
Prof. Dr.-Ing. H. Opitz und Dipl.-Ing. W. Backé, Aachen
Automatisierung des Arbeitsablaufes in der spanabhebenden Fertigung
in Vorbereitung

HEFT 831
Prof. Dr.-Ing. H. Opitz, Dr.-Ing. H.-G. Rohs und Dr.-Ing. G. Stute, Aachen
Statistische Untersuchungen über die Ausnutzung von Werkzeugmaschinen in der Einzel- und Massenfertigung

---

Ein Gesamtverzeichnis der Forschungsberichte, die folgende Gebiete umfassen, kann bei Bedarf vom Verlag angefordert werden:
Acetylen / Schweißtechnik – Arbeitspsychologie und -wissenschaft – Bau / Steine / Erden – Bergbau – Biologie – Chemie – Eisenverarbeitende Industrie – Elektrotechnik / Optik – Fahrzeugbau / Gasmotoren – Farbe / Papier / Photographie – Fertigung – Gaswirtschaft – Hüttenwesen / Werkstoffkunde – Luftfahrt / Flugwissenschaften – Maschinenbau – Medizin / Pharmakologie / Physiologie – NE-Metalle – Physik – Schall / Ultraschall – Schiffahrt – Textiltechnik / Faserforschung / Wäschereiforschung – Turbinen – Verkehr – Wirtschaftswissenschaften.

If you have any concerns about our products,
you can contact us on
ProductSafety@springernature.com

In case Publisher is established outside the EU,
the EU authorized representative is:
Springer Nature Customer Service Center GmbH
Europaplatz 3, 69115 Heidelberg, Germany

Printed by Libri Plureos GmbH
in Hamburg, Germany